수학도깨비 시리즈 2

[수학 도깨비에게] 원주율 배우기

최행진 지음

KYOWOOSA 敎友社

서 문

두 개의 자연수를 임의로 선택했을 때 그 두 자연수가 서로소[1]일 확률을 계산할 수 있을까? 자연수는 무한히 많으므로 문제 자체가 이상하다고 생각하는 사람들이 있을 것이다. 문제 자체는 성립해도 정답을 구하는 것이 불가능하다고 생각하는 사람들도 있을 것이다. 하지만 놀랍게도 정답이 존재하며 정답을 정확하게 구할 수 있다. 더욱 놀라운 것은 정답이 원주율을 포함한다는 사실이다. 잘 알다시피 원주율의 근본 태생은 원이다. 그런데 원과는 전혀 상관없어 보이는 문제임에도 불구하고 문제의 정답[2]은 원과 관련이 있는 것이다.

원주율은 기원전부터 흥미로운 '수학적 대상'이었다. 물론 사람들은 원을 먼저 인식하였고 원주율에 대해서 생각하기 시작한 것은 훨씬 이후의 일일 것이다. 대부분의 사람들은 모르는 사실이긴 한데, 우리가 잘 알고 있는 뉴턴이나 오일러 또는 가우스 역시 원주율에 대해서 상당한 연구를 수행했다. 심지어는 오로지 원주율 연구에만 평생을 바친 수학자가 있을 정도이다.

이 책은 원주율 자체에 대해서 수학자들에 의해 역사적으로 어떤 탐구가 있었는지를 다루는 책이다. 비록 고등학교 교육 과정에서 이 책의 내용을 배우는 것은 아니지만, 고등학교 3학년 정도의 수학 실력을 갖추고 있다면 이 책을 웬만큼은 이해할 수 있도록 수학도깨비가 부단히 노력했다. 그러나 고등학생이 이해하기 어려운 부분이 군데군데 있다. 너무 어렵다 싶으면 일부를 건너뛰어라. 그런다고 해서 책 전체 내용의 흐름을 놓치지는 않을 것이다. 독자가 대학교 1학년 정도의 수학 실력을 갖추고 있다면, 이 책을 훨씬 더 재미있게 읽을 수 있을 것이다.

---

1 공약수가 1뿐인 두 자연수

2 $\left(\frac{6}{\pi}\right)^2$

원주율에 대해 어떤 탐구가 있었는지를 다룬다고 했는데, 좀더 구체적으로 말하자면 원주율의 정확한 값을 구하기 위해 수학자들이 어떤 노력을 했는지 수천년에 걸친 역사적인 발전 과정에 대해서 설명한다. 독자들은 이 책을 읽어나가면서 수학자들이 얼마나 끈질기고 열정적인 사람들인지 자연스럽게 느끼게 될 것이다.

책의 구성에 대해서 간략히 설명한다면 다음과 같다. 본격적으로 6th부터 원주율의 자릿수 구하는 것을 다룬다. 6th~8th은 기하학의 시대를 다루고 9th~22nd은 뉴턴의 미적분학의 시대를 다루며 23rd부터는 산술기하평균의 시대를 다룬다. 이러한 분류에 대해서는 5th에 설명되어 있는데, 여기에서 우선적으로 설명하겠다. 가벼운 마음으로 읽어보자.

1. 기하학의 시대

이론적으로 원주율을 계산한 최초의 사람은 아르키메데스[3]라고 알려져 있다. 아르키메데스는 고대 그리스의 수학자·물리학자·발명가로서 원주율의 값을 기하학적으로 구하였다.

놀라운 사실은 아르키메데스 이후로부터 17세기 중반에 왈리스 공식이 나오기 전까지 2000년간 원주율의 값을 구하려고 노력한 수학자들이 아르키메데스의 방법과 같은 기하학적인 방법에서 탈피하지 못했다는 것이다. 그러한 기하학적인 방법의 절정에 도달한 사람은 비에트[4]였다.

2. 뉴턴 미적분학의 시대

17세기 중반이 되자 원주율의 값을 구하는 방법에 커다란 변화가 왔다. 종래 도형을 사용하여 원주율을 구하려던 아르키메데스나 비에트의 기하학적인 방법에서 드디어 탈피를 하게 된 것이다. 즉 원주율 자릿수 탐구가 기하학적인 고찰에서 해석학적인 고찰로 변했는데 많은 수학자들이 다양한 형태의 공식을 발표했다. 그러한 공식들에 대해 간략하게 살펴보도록 하자.

---

[3] Archimedes of Syracuse. **Born:** 287 BC in Syracuse, Sicily. **Died:** 212 BC in Syracuse, Sicily.

[4] François Viète. **Born:** 1540 in Fontenay-le-Comte, Poitou (now Vendée), France. **Died:** 13 Dec 1603 in Paris, France.

1656년에 왈리스[5]는 아래 공식을 발표했다.

$$\pi = 2 \times \frac{2 \times 2 \times 4 \times 4 \times 6 \times 6 \times 8 \times 8 \times 10 \times 10 \times \cdots}{1 \times 1 \times 3 \times 3 \times 5 \times 5 \times 7 \times 7 \times 9 \times 9 \times \cdots}$$

브렁커[6]는 왈리스 공식을 이용하여 원주율을 아래 공식

$$\pi = \cfrac{4}{1 + \cfrac{1}{2 + \cfrac{9}{2 + \cfrac{25}{2 + \cdots}}}}$$

처럼 연분수(continued fraction)로 나타내기도 했다. 연분수란 말 그대로 끝없이 반복되는 분수이다.

왈리스는 브렁커 공식이 자신의 공식과 동치인 것을 증명하였다고 한다.

1671년에 그레고리[7]는 급수

$$\arctan x = x - \frac{x^3}{3} + \frac{x^5}{5} - \frac{x^7}{7} + \frac{x^9}{9} - \cdots$$

를 발견하였다. $\arctan x$는 $\tan x$의 역함수이다.

그리고 1674년에 라이프니츠[8]가 위의 급수와 이 급수에 $x = 1$을 대입하여 얻을 수 있는 공식

$$\frac{\pi}{4} = 1 - \frac{1}{3} + \frac{1}{5} - \frac{1}{7} + \frac{1}{9} - \cdots$$

을 발견하였다. 라이프니츠는 1682년에 이 공식을 출판하였다고 한다. 라이프니츠의 급수는 수렴속도가 매우 느리다. 어느 정도냐 하면, 10^{50}개의 항까지 부분합을 정확하게 계산하여도 원주율을 겨우 100자리 정도까지 올바로 구할 수 있을 뿐이다.

1748년에 오일러[9]는 *introductio in analysin infinitorum*을 출판하였는데, 여기에는

---

5 John Wallis. **Born:** 23 Nov 1616 in Ashford, Kent, England. **Died:** 28 Oct 1703 in Oxford, England.

6 William Brouncker. **Born:** 1620 in Castlelyons (N of Cork), Ireland. **Died:** 5 April 1684 in Westminster. London, England.

7 James Gregory. **Born:** Nov 1638 in Drumoak (near Aberdeen), Scotland. **Died:** Oct 1675 in Edinburgh, Scotland.

8 Gottfried Wilhelm von Leibniz. **Born:** 1 July 1646 in Leipzig, Saxony (now Germany). **Died:** 14 Nov 1716 in Hannover, Hanover (now Germany).

9 Leonhard Euler. **Born:** 15 April 1707 in Basel, Switzerland. **Died:** 18 Sept 1783 in St Petersburg, Russia.

원주율에 대한 공식이 매우 많이 들어 있다.

1914년에 인도의 수학자 라마누잔[10]은 아래 공식을 발견하였다.

$$\frac{1}{\pi} = \frac{2\sqrt{2}}{9801}\sum_{k=0}^{\infty}\frac{(4k)!\,(26390k + 1103)}{k!^4\,396^{4k}}$$

상당히 복잡하게 보인다.

원주율 계산에 있어서 이러한 새로운 시대는 제2차 세계 대전 중이던 1946년에 개발된 세계 최초의 범용 컴퓨터인 에니악(ENIAC)으로 원주율을 계산하던 때까지 지속되었다. 에니악(ENIAC)을 사용하여 원주율을 2037째자리까지 계산하였는데 이 때가 1949년이었다. 마친 공식을 사용하여 계산했는데 70시간이 걸렸다.

3. 산술기하평균의 시대

매우 오래 전부터 원주율을 많은 자릿수까지 구하려던 여러 수학자들의 노력은 이제 컴퓨터가 전담하고 있다. 1965년에 새로 발견된(newly-discovered) 고속 푸리에 변환[11]이 종래의 방법보다 훨씬 더 신속하게 고정밀도 곱셈을 수행하는 데 사용될 수 있음이 밝혀졌다. 고속 푸리에 변환에 기초한 방법은 원주율이나 다른 수학 상수들의 값을 고정밀도로 계산하는데 걸리는 시간을 극적으로(dramatically) 줄였다. 이러한 진보에도 불구하고, 1970년대까지 대개 마친 공식의 유형의 공식을 이용하여 원주율의 값을 구하였다.

1989년에 추드노브스키 형제는 공식

$$\frac{1}{\pi} = 12\sum_{k=0}^{\infty}(-1)^k\frac{(6k)!\,(13591409 + 545140134k)}{(k!)^3(3k)!\,(640320^3)^{k+0.5}}$$

을 사용하여 1,011,196,691째자리까지 원주율을 계산하였다. 1991년에는 그들이 만든 컴퓨터 "m zero"를 사용하여 원주율을 2,260,321,363[12]째자리까지 계산하였다.

---

10 Srinivasa Aiyangar Ramanujan. Born: 22 Dec 1887 in Erode, Tamil Nadu state, India. Died: 26 April 1920 in Kumbakonam, Tamil Nadu state, India.

11 고속 푸리에 변환에 대해서 설명하는 것은 이 책의 범위를 넘어선다.

12 two billion two hundred sixty million three hundred twenty one thousand three hundred sixty three

참고로 Mathematica[13]는 추드노브스키 형제의 공식을 사용하여 원주율을 계산한다.

여기에서 공부할 내용들에는 현재까지 알려진 원주율을 구하는 알고리즘들 중에서 최고의 알고리즘이라고 할 수 있는 보웨인 형제의 사차수렴 알고리즘, 가우스-르장드르 알고리즘, 추드노브스키 형제의 공식이 포함되어 있다.

[13] 수학 계산을 수행할 수 있는 소프트웨어. 기능이 매우 많은 계산기라고 생각하면 된다.

목 차

1st 원주율의 정의와 기호

무심코 별 생각없이 사용하는 원주율(pi)의 정의(definition)를 알고 있는가? 물론 독자여러분들은 잘 알고 있을 것이다. 원주율은 원(circle)의 직경(diameter)에 대한 원주(circumference)의 비율(ratio)로 정의된다. 좀더 쉬운 말로 풀어쓰자면, 원의 둘레의 길이를 그 원의 지름의 길이로 나눈 값이라는 말이다. 원주율을 영어로 풀어쓰면 다음과 같다. Ratio of circle's circumference to its diameter.

1706년에 존스[14]가 *Synopsis Palmariorum Mathseos*에서 원주율을 나타내는 기호로 최초로 π를 사용하였다고 전해진다. 이 기호는 1748년에 오일러[15]에 의해 대중화되었다.

원의 크기에 상관없이, 원주율은 항상 상수이다. 그러니까 지름의 길이가 1이건 3이건 10이건 13이건 관계없이 항상 일정한 값이라는 이야기다. 원주율이 상수라는 사실은 일찌감치 유클리드[16]가 자신의 저서인 *The Elements*에서 논리적으로 증명했다. *The Elements*는 우리말로 흔히 원론이라고 알려진 바로 그 유명한 책이다.

우리는 원주율의 값으로 보통 3.14을 사용한다. 방금 '보통'이라는 표현을 썼다. 그렇다면 원주율의 값으로 3.14을 사용하지 않을 때도 있다는 말인가? 그렇다. 원주율 값으로 3.14을 사용하지 않을 때가 종종 있다. 상황에 따라 3.14 대신에 우리는 3.1416처럼 소수점 아래에 몇 개의 숫자가 더 붙어있는 값을 사용하기도 한다. 정확한 값을 요구하는 계산일수록 더 많은 자릿수의 근삿값을 사용해야 한다.

그런데 다음과 같은 의문을 가질 수 있다. 원주율을 구성하는 각 자리의 숫자들을 도대체 어떻게 얻었는가 하는 의문 말이다. 그런 의문을 현재 품고 있거나

---

14 William Jones. **Born:** 1675 in Llanfihangel Tre'r Beirdd, Anglesey, Wales. **Died:** 1 July 1749 in London, England.

15 Leonhard Euler. **Born:** 15 April 1707 in Basel, Switzerland. **Died:** 18 Sept 1783 in St Petersburg, Russia.

16 Euclid of Alexandria. **Born:** about 325 BC. **Died:** about 265 BC in Alexandria, Egypt.

과거에 품었던 적이 있는가? 이것은 결코 간단한 문제가 아니다. 우리는 수천 년에 걸쳐 수학자들이 이 문제를 해결하기 위해 어떤 노력을 해왔는지 탐구할 것이다.

2nd 평면도형인 원, 입체도형인 구

원은 평면도형이므로, 우리는 원에서 둘레의 길이와 넓이를 생각할 수 있다. 그런데 원의 반지름의 길이가 주어질 때 둘레의 길이를 구할 때도 그렇고 넓이를 구할 때도 그렇고 원주율이 등장한다.

이번에는 입체도형인 구를 생각해 보자. 우리는 구에서 표면적과 부피를 생각할 수 있다. 그런데 구의 반지름의 길이가 주어질 때 표면적을 구할 때도 그렇고 부피를 구할 때도 그렇고 역시 원주율이 등장한다.

물론 둥그런 모양의 도형에서만 원주율이 등장하는 것은 아니다. 서문에서 살펴보았듯이, 원과 전혀 상관없는 경우에도 원주율이 등장하는 경우가 자주 있다. 이처럼 원주율은 수많은 상황에서 시도 때도 없이 등장한다. 이러한 원주율에 대해 탐구하는 것은 우리에게 즐거움을 가져다 준다.

3rd 원주율은 유리수인가 아니면 무리수인가

그렇다면 원주율에 대해서 왜 이렇게 오락가락 여러 가지 값이 있을까? 그것은 비록 원주율이 일정한 상수이기는 해도 원주율이 무리수이기 때문이다. 무리수가 무엇인가? $\sqrt{2} = 1.4142\cdots$처럼, 소수로 나타내었을 때 반복되는 패턴이 없는 무한소수이다. 원주율의 태생적 한계가 무리수이기 때문에, 원주율을 포함한 어떤 수식을 우리가 계산할 때 소수점 아래에서 적당히 반올림하여 사용해야 하는 것이다.

원주율은 순환하지 않는 무한소수이다. 즉 유리수가 아니다. 많은 사람들이 이 사실을 알고 있다. 원주율이 무리수라는 사실을 최초로 증명한 사람은 람베르트[17]였다. 람베르트는 우선 공식

$$\tan x = \cfrac{x}{1 - \cfrac{x^2}{3 - \cfrac{x^2}{5 - \cfrac{x^2}{\ddots}}}}$$

을 증명한다. 그 다음에 그는 $x \neq 0$가 유리수라면 이 식의 우변이 무리수임을 증명한다. 그런데 $\tan\frac{\pi}{4} = 1$이므로 원주율이 무리수라는 결론을 얻을 수 있다.

람베르트 이후에 여러 수학자들이 원주율이 무리수라는 증명을 내놓았다. 보기를 들어 1794년에 르장드르[18]는 *Éléments de Géométrie*에서 원주율과 원주율을 제곱한 수가 무리수라는 것을 증명하였다. 그러나 전문수학자가 아닌 이상 초반에 등장한 증명들을 일반인들은 이해하기가 대단히 어렵다. 다행히도 니벤[19]은 1947년 논문 *A Simple Proof that π is Irrational*에서 제목 그대로 상당히 간단하게 증명

---

17 Johann Heinrich Lambert. **Born:** 26 Aug 1728 in Mülhausen, Alsace, France. **Died:** 25 Sept 1777 in Berlin, Prussia (now Germany).

18 Adrien-Marie Legendre. **Born:** 18 Sept 1752 in Paris, France. **Died:** 10 Jan 1833 in Paris, France.

19 Ivan M. Niven. **Born:** 25 Oct 1915 in Vancouver, Canada. **Died:** 9 May 1999.

하는 데 성공했다. 논문 자체가 딱 한 페이지 짜리이다. 니벤은 원주율을 제곱한 수가 무리수임을 우선 증명한다. 그러고 나서 원주율은 무리수라고 결론을 내린다.

니벤의 전체 증명 과정을 세 단계로 나누어서 살펴보자.

증명 1. 니벤의 다항식

제일 먼저

$$P_n(x) = \frac{x^n(1-x)^n}{n!} = \frac{\sum_{k=n}^{2n} c_k x^k}{n!}$$

을 생각하여 보자. 여기에서 c_k는 정수이다.

우리는 위의 식으로부터

$$0 < x < 1 \qquad \Longrightarrow \qquad 0 < P_n(x) < \frac{1}{n!},$$
$$P_n(0) = 0,$$
$$P_n{}^{(m)}(0) = 0 \quad \left(m < n \text{ 혹은 } m > 2n\right),$$
$$P_n{}^{(m)}(0) = \frac{\mathrm{m!}}{\mathrm{n!}} c_m \quad (n \le m < 2n)$$

을 보일 수 있다.

2. 【원주율을 제곱한 수는 무리수이다.】를 증명

만약 원주율을 제곱한 수가 무리수가 아니라면, $\pi^2 = \frac{p}{q}$과 같이 나타낼 수 있다. 여기에서 p와 q는 자연수이다.

함수

$$J(x) = q^n\left(\pi^{2n}P_n(x) - \pi^{2n-2}P_n''(x) + \pi^{2n-4}P_n''''(x) - \pi^{2n-6}P_n^{(6)}(x) + \cdots + (-1)^n P_n^{(2n)}(x)\right)$$

을 생각하여 보자.

그러면

$$\begin{aligned}
&[J'(x)\sin\pi x - \pi J(x)\cos\pi x]' \\
&\qquad = (J''(x)\sin\pi x + \pi J'(x)\cos\pi x) - \pi(J'(x)\cos\pi x - \pi J(x)\sin\pi x) \\
&\qquad = J''(x)\sin\pi x + \pi^2 J(x)\sin\pi x = \left(J''(x) + \pi^2 J(x)\right)\sin\pi x \\
&\qquad = q^n\pi^{2n+2}P_n(x)\sin\pi x = \pi^2 p^n P_n(x)\sin\pi x
\end{aligned}$$

이 성립한다.

위의 식으로부터 정적분

$$\frac{1}{\pi}[J'(x)\sin\pi x - \pi J(x)\cos\pi x]_{x=0}^{1} = J(0) + J(1) = \pi p^n \int_0^1 P_n(x)\sin\pi x\,dx$$

을 얻을 수 있다. 그러므로 마지막 적분은 0이 아닌 정수이다.

그런데 $P_n(x)$의 경계로부터 적당히 큰 n에 대하여

$$0 < \pi p^n \int_0^1 P_n(x)\sin\pi x\,dx < \frac{\pi p^n}{n!} < 1$$

을 얻을 수 있다. 이것은 적분이 정수라는 사실에 모순된다.

그러므로 처음 우리가 가정했던 "원주율을 제곱한 수가 무리수가 아니다."는 잘못되었다. 즉 원주율을 제곱한 수는 무리수이다.

3. 【원주율은 무리수이다.】를 증명

우리는 【원주율은 무리수이다.】를 증명하기 위해, 별도로 증명을 하지 않아도 된다. 왜냐하면 【원주율은 무리수이다.】는 【원주율을 제곱한 수는 무리수이다.】의 따름정리(corollary)이기 때문이다. ∎

4th 원주율은 대수적 수인가 아니면 초월수인가

차수가 무한하지 않고 유한하며 모든 계수(coefficient)가 유리수인 다항방정식

$$a_n x^n + a_{n-1}x^{n-1} + a_{n-2}x^{n-2} + \cdots + a_2 x^2 + a_1 x + a_0 = 0$$

을 고려하자. 이 방정식의 해가 될 수 있는 복소수를 대수적 수라 하고, 해가 될 수 없는 복소수를 초월수라고 한다.

이런 의문을 가질 수 있을 것이다. 초월수란 것이 정말로 존재하는 것일까?

만약 초월수가 존재한다면, 우리는 복소수를 대수적 수와 초월수로 구분할 수도 있을 것이다.

1775년에, 오일러[20]는 원주율이 초월수일 거라는 제안을 하였다.

오일러의 그러한 제안이 나온 이후로 60년이 더 지난 1840년에, 리우빌[21]이 초월수가 존재함을 증명하였다.

오일러의 그러한 제안이 나온 이후로 100년이 더 지난 1882년에는 린데만[22]이 원주율은 초월수임을 *Über die Zahl* π에서 증명하였다. 그런데 린데만의 증명을 이해하는 것은 매우 어려운 일이다. 린데만의 증명 이후에, 몇몇 수학자들이 린데만의 증명을 좀더 쉽게 만들기도 하였다.

우연히 린데만의 증명은 또한 Circle Squaring[23]이라고 알려진 기하 문제는 불가

---

20 Leonhard Euler. **Born:** 15 April 1707 in Basel, Switzerland. **Died:** 18 Sept 1783 in St Petersburg, Russia.

21 Joseph Liouville. **Born:** 24 March 1809 in Saint-Omer, France. **Died:** 8 Sept 1882 in Paris, France.

22 Carl Louis Ferdinand von Lindemann. **Born:** 12 April 1852 in Hannover, Hanover (now Germany). **Died:** 6 March 1939 in Munich, Germany.

23 수학도깨비 시리즈의 첫 번째 책인 *수학도깨비에게 작도 배우기*와 밀접한 관계에 있다.

능하다는 것을 증명하였다. Circle Squaring는 눈금없는 직선자와 컴퍼스만을 사용하여 원의 면적과 동일한 정사각형을 작도하는 것이다.

초월수에 대한 이론은 너무나 어려워서 이 책의 범위를 훨씬 넘어선다. 그러므로 초월수에 대한 언급을 더 이상은 하지 않겠다.

5th 원주율의 역사

원주율의 역사를 종종 세 가지 시대(periods)로 나눈다.

이집트·바빌로니안·그리스인들에 의해 오래 전부터 시작된 첫 번째 시대는 17세기 초반까지 지속되었다. 이 시대는 기하학자의 시대였는데 우리가 잘 알고 있는 아르키메데스가 정점에 서 있다.

두 번째 시대는 해석적인 공식 개발의 시대였다. 이 시대에 무한급수나 무한곱(infinite product)으로 원주율을 표현하는 공식이 많이 개발되었다. 이 시대는 약 1656년에 왈리스[24]와 함께 시작되었다. 그 뒤를 브렁커[25], 그레고리[26], 뉴턴[27]이 이어갔고, 세계 최초의 범용(general purpose) 컴퓨터인 에니악(ENIAC)으로 원주율을 구하던 때까지 지속되었다.

아래의 표는 고대로부터 19세기까지 원주율 계산의 역사를 보여 준다.

Pre Computer calculations of π

이 름	연도	자릿수
Archimedes of Syracuse	250 BC	3
Marcus Vitruvius Pollio	20 BC	1
Chang Hong	130	1
Claudius Ptolemy	150	3
Wang Fan	250	1
Liu Hui	263	5
Siddhanta	380	3
Tsu Ch'ung Chi	480	7

24 John Wallis. **Born:** 23 Nov 1616 in Ashford, Kent, England. **Died:** 28 Oct 1703 in Oxford, England.

25 William Brouncker. **Born:** 1620 in Castlelyons (N of Cork), Ireland. **Died:** 5 April 1684 in Westminster. London, England.

26 James Gregory. **Born:** Nov 1638 in Drumoak (near Aberdeen), Scotland. **Died:** Oct 1675 in Edinburgh, Scotland.

27 Sir Isaac Newton. **Born:** 4 Jan 1643 in Woolsthorpe, Lincolnshire, England. **Died:** 31 March 1727 in London, England

이 름	연도	자릿수
Aryabhata the Elder	499	4
Brahmagupta	640	1
Abu Ja'far Muhammad ibn Musa Al-Khwarizmi	800	4
Leonardo Pisano Fibonacci	1220	3
Madhava of Sangamagramma	1400	11
Ghiyath al-Din Jamshid Mas'ud al-Kashi	1430	14
Valentin Otho	1573	6
François Viète	1593	9
Adriaan van Roomen	1593	15
Ludolph van Ceulen	1596	20
Ludolph van Ceulen	1610	35
Sir Isaac Newton	1665	16
Abraham Sharp	1699	71
Takakazu Seki Kowa	1700	10
Kamata	1730	25
John Machin	1706	100
Thomas Fantet de Lagny	1719	127 (112 correct)
Takebe Hikojiro Kenko	1723	41
Matsunaga Ryohitsu	1739	50
Georg Freiherr von Vega	1794	140 (136 correct)
William Rutherford	1824	208 (152 correct)
von Strassnitzky and Zacharias Dase	1844	200
Thomas Clausen	1847	248
Lehmann	1853	261
William Rutherford	1853	440
William Shanks	1874	707 (527 correct)

마지막으로 세 번째 시대는 이전과는 전혀 다른 새로운 유형의 원주율의 표현식을 발견하기 위해 산술기하평균(arithmetic geometric mean)[28]에 관한 가우스[29]와 르장드르[30]에 의한 이전의 결과들을 사용했던 브렌트[31]와 살라민[32]의 연구와 함께 약 1970년부터 시작하여

[28] 산술평균과 기하평균을 줄인 용어가 아니다. 잠시 뒤에 자세히 설명한다.

[29] Johann Carl Friedrich Gauss. **Born:** 30 April 1777 in Brunswick, Duchy of Brunswick (now Germany). **Died:** 23 Feb 1855 in Göttingen, Hanover (now Germany).

[30] Adrien-Marie Legendre. **Born:** 18 Sept 1752 in Paris, France. **Died:** 10 Jan 1833 in Paris, France.

[31] Richard P. Brent

[32] Eugene Salamin

지금까지 계속되고 있다.

아래의 표는 컴퓨터를 사용한 원주율 계산의 역사를 보여 준다.

Computer calculations of π

이 름	연도	자릿수	사용한 컴퓨터
G.W. Reitwiesner etc.	1949	2,037	ENIAC
S.C. Nicholson & J. Jeenel	1954	3,092	NORC
G.E. Felton	1957	7,480	Pegasus
F. Genuys	1958	10,000	IBM 704
G.E. Felton	1958	10,020	Pegasus
J. Guilloud	1959	16,167	IBM 704
W. Shanks & T.W. Wrench Jr.	1961	100,265	IBM 7090
J. Guilloud & J. Filliatre	1966	250,000	IBM 7030
J. Guilloud & M. Dichampt	1967	500,000	CDC 6600
J. Guilloud & M. Bouyer	1973	1,001,250	CDC 7600
K. Miyoshi & Y. Kanada	1981	2,000,036	FACOM M-200
J. Guilloud	1981~1982	2,000,050	
Y. Tamura	1982	2,097,144	MELCOM 900II
Y. Tamura & Kanada	1982	4,194,288	HITAC M-280H
Y. Tamura & Kanada	1982	8,388,576	HITAC M-280H
Y. Kanada, S. Yoshino & Y. Tamura	1982	16,777,206	HITAC M-280H
W. Gosper	1985	17,526,200	Symbolics 3670
D.H. Bailey	1986	29,360,111	CRAY-2
Y. Kanada & Y. Tamura	1986	33,554,414	HITAC S-810/20
Y. Kanada & Y. Tamura	1986	67,108,839	HITAC S-810/20
Y. Kanada, Y. Tamura, Y. Kubo, etc.	1987	134,217,700	NEC SX-2
Y. Kanada & Y. Tamura	1988	201,326,551	HITAC S-820/80
G.V. Chudnovsky & D.V. Chudnovsky	1989	480,000,000	CRAY-2 & IBM-3090/VF
G.V. Chudnovsky & D.V. Chudnovsky	1989	525,229,270	IBM 3090
Y. Kanada & Y. Tamura	1989	536,870,898	HITAC S-820/80
G.V. Chudnovsky & D.V. Chudnovsky	1989	1,011,196,691	IBM 3090
Y. Kanada & Y. Tamura	1989	1,073,741,799	HITAC S-820/80
G.V. Chudnovsky & D.V. Chudnovsky	1991	2,260,000,000	m-zero
D. Takahashi & Y. Kanada	1995	3,221,225,466	HITAC S-3800/480
D. Takahashi & Y. Kanada	1995	4,294,967,286	HITAC S-3800/480

이 름	연도	자릿수	사용한 컴퓨터
D. Takahashi & Y. Kanada	1995	6,442,450,938	HITAC S-3800/480
G.V. Chudnovsky & D.V. Chudnovsky	1996	8,000,000,000	
D. Takahashi & Y. Kanada	1997	17,179,869,142	HITACHI SR2201
D. Takahashi & Y. Kanada	1997	34,359,738,327	HITACHI SR2201
D. Takahashi & Y. Kanada	1997	51,539,607,510	HITACHI SR2201 Computer Centre, U. of Tokyo
D. Takahashi & Y. Kanada	1999	68,719,470,000	HITACHI SR8000 Computer Centre, U. of Tokyo
D. Takahashi & Y. Kanada	1999	206,158,430,000	HITACHI SR8000 Computer Centre, U. of Tokyo
Kanada, Ushiro, Kuroda	2002	1,241,100,000,000	HITACHI SR8000 Computer Centre, U. of Tokyo

위와 같은 분류가 절대적인 것은 아니지만, 대개 이렇게 분류를 한다. 한 가지 주의할 점은 위의 표에서 자릿수는 문헌마다 약간씩 다르기 때문에 절대적인 것은 아니라는 것이다. 그렇다 하더라도 큰 차이는 없으니 걱정하지 않아도 된다.

6th 아르키메데스[33] 상수

지렛대의 원리, 부력의 원리, 구의 표면적과 부피 등을 발견한 아르키메데스는 고대 수학자 중에서 가장 잘 알려진 인물이다. 아르키메데스와 관련해서 몇 가지 일화가 전해지는데 가장 유명하다고 할 수 있는 일화는 목욕탕에서 벌거벗은 채로 달려나온 사건이다. 자세한 사정은 다음과 같다. 비투르비우스에 따르면, 히에론왕은 아르키메데스에게 새로 만들어진 왕관이 순금인지 은이 섞여 있는지를 알아보라고 명령을 하였다. 아르키메데스는 고민했다. 왕관에 손상을 입히지 않고서 어찌 알아낼 수 있단 말인가? 만약 왕관을 녹여도 된다면 정육면체로 만들어 부피를 계산할 수 있고 부피와 무게로부터 간단히 밀도를 계산하여 순금의 밀도와 비교할 수 있었으나 어쩔 수 없는 일이었다. 어느 날 아르키메데스는 목욕탕에서 자신이 욕조에 들어가자 수면이 올라가는 것을 보고 왕관을 녹이지 않고도 왕관의 부피를 측정할 수 있음을 알았다. 따라서 은을 섞은 경우 왕관의 밀도가 순금의 밀도와 다를 것이므로 그는 해결책을 찾은 것이다. 그는 기뻐서 발가벗은 채로 “유레카(나는 발견했다!)”를 외치며 거리로 달려 나갔다. 아르키메데스는 후에 아르키메데스 원리를 제시하였다. 아르키메데스의 원리는 유체속에 잠긴 물체는 그 물체가 밀어낸(유체 속에서 그 물체가 차지하는) 유체의 무게만큼의 부력을 받는다는 것을 말한다. 바로 부력의 원리[34]이다.

---

33 Archimedes of Syracuse. Born: 287 BC in Syracuse, Sicily. Died: 212 BC in Syracuse, Sicily.

34 아르키메데스의 저작인 '부체에 관하여'에 실려 있다.

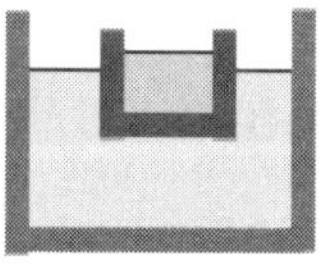

다음과 같은 상황을 생각해 보자. 물이 담긴 욕조에 얼음으로만 채워진 용기가 떠있다. 얼음이 다 녹은 후 용기가 물에 잠긴 깊이에는 어떤 변화가 있을 것이며 용기 안에 담긴 물의 수면 높이는 욕조의 수면 높이와 비교하여 상대적으로 어떻게 될 것인가? 용기의 밀도가 물보다 큰 경우와 작은 경우에 대하여 얼음이 다 녹았을 때 용기 내 수면의 변화를 설명해 봐라.

용기속의 얼음이 녹더라도 용기 속의 물의 질량은 일정하므로 용기와 그 안에 담긴 얼음을 합한 무게가 물에 떠 있기 위하여 필요로 하는 부력은 동일하다. 따라서, 용기는 얼음이 녹는 동안 그대로 있다.

용기의 밀도에 따른 용기 내 수면의 변화의 차이를 살펴보기 위하여 용기가 질량이 없고 두께가 0인 경우와 비교해 보자. 이 경우는 얼음이 다 녹았을 때 용기 내의 물의 밀도가 욕조에 담긴 물의 밀도와 같기 때문에 부력의 원리로부터 용기 내 물이 밀어낸 양만큼 부력을 받게 되므로 용기 안의 물의 수면과 욕조의 수면이 같아질 것이다. 용기의 밀도가 물의 밀도보다 큰 경우는 얼음이 다 녹으면 작은 용기와 안에 담기 물을 합한 것의 비중이 물의 비중보다 크므로 용기에 담긴 물의 부피에 대응되는 부력보다 더 큰 부력을 필요로 한다. 따라서 용기 내 수면의 높이는 수면보다 낮아지게 된다. 용기의 밀도가 물의 밀도보다 낮은 재질로 되어 있다면 용기 내 물의 부피에 대응되는 부력보다 작은 부력을 필요로 한다. 따라서 이 경우에는 용기 내 물의 수면은 욕조 수면보다 높을 것이다.

아르키메데스가 로마군을 애먹이게 했다는 일화도 있다. 포에니 전쟁에서 아르키메데스가 포물면 거울로 햇빛을 모아 나무로 된 로마의 전함에 불을 질렀다는 일화가 전해진다. 하지만 이 이야기는 사실이 아닐 수도 있다고 한다.

이제 원주율과 관련해서 아르키메데스의 이야기를 할 것이다. 독자 중에서 아르키메데스 상수라고 들어본 적이 있는가? 아르키메데스 상수는 다름 아닌 원주율을 일컫는다. 아르키메데스가 원주율 연구에 남긴 업적을 기리기 위해 원주율을 아르키메데스 상수라고 말하기도 한다.

그럼 아르키메데스는 뭘 어떻게 한 것일까? 아르키메데스는 원에 내접하는 정다각형(regular polygon)의 둘레(perimeter)의 길이는 원주(circumference)보다 짧고, 원에 외접하는 정다각형의 둘레의 길이는 원주보다 길다는 사실을 이용하여 원주율의 값을 구하였다. 정다각형의 변의 개수를 무한히[35] 늘림에 따라 내접 정다각형의 둘레의 길이와 외접 정다각형의 둘레의 길이는 원주에 가까워진다. 아르키메데스는 처음에 정육각형(regular hexagon)으로부터 원주율을 구한 후에 정십이각형(regular dodecagon), 정24각형(regular 24-gon), 정48각형(regular 48-gon), 그리고 마지막으로 정96각형(regular 96-gon)으로부터 원주율을 구하였다. 사실 우리는 무한히 많은 개수의 변을 가진 정다각형으로 원을 생각할 수 있다. 아르키메데스의 생각을 수학적으로 고찰해 보자.

아래의 그림에서 θ는 원에 내접하는 정n각형의 한 변의 중심각(central angle)이고, r은 원의 반지름의 길이이며, c는 정다각형의 한 변의 길이이다.

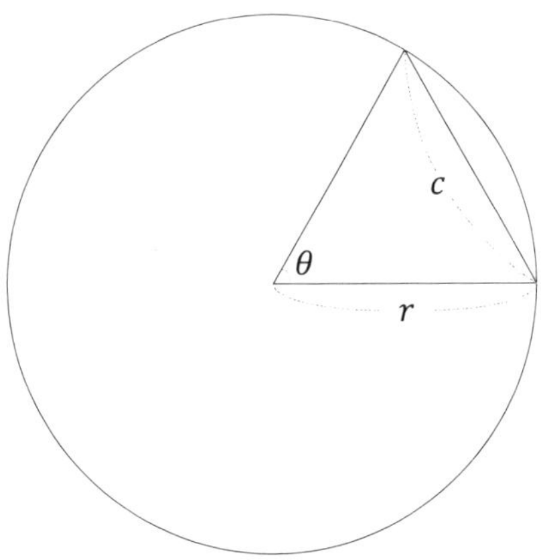

삼각형에서 성립하는 코사인 법칙을 등변의 길이가 r이고 꼭지각이 θ인 이등변 삼각형에 적용시키면

[35] 고등학교 때 배우는 극한의 개념을 수천 년 전에 활동했던 아르키메데스가 사용한 것이다.

$$c^2 = 2r^2 - 2r^2\cos\theta = 2r^2(1-\cos\theta) = 4r^2\frac{1-\cos\theta}{2} = 4r^2\sin^2\frac{\theta}{2}$$

을 얻게 된다. 즉

$$c = 2r\sin\frac{\theta}{2} \qquad [1]$$

이 성립함을 알 수 있다.

다음으로 원에 외접하는 정n각형의 변의 길이를 구하여 보자.

아래의 그림에서 d는 정다각형의 한 변의 길이이다.

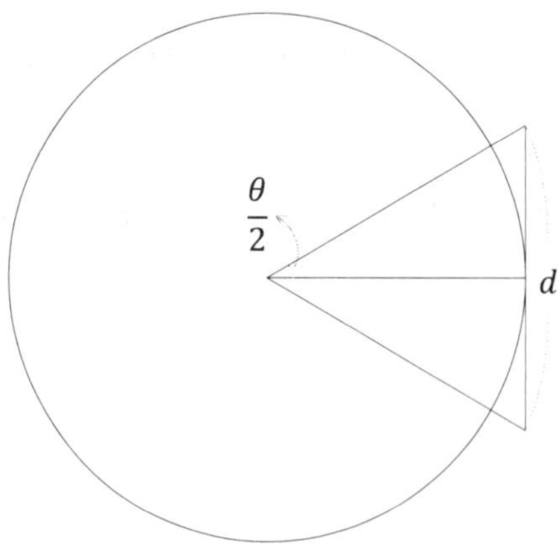

원의 중심[centroid]에서 정다각형에 수선을 그으면 이등변삼각형은 합동인 두 개의 직각 삼각형으로 쪼개어진다. 그림을 보고 다음 식을 유도할 수 있다.

$$\tan\frac{\theta}{2} = \frac{\frac{d}{2}}{r} = \frac{d}{2r},$$

$$\therefore d = 2r\tan\frac{\theta}{2}$$

위의 식과 [1]에 의하여 원주와 두 정다각형의 둘레의 길이에 대해 부등식

$$n\cdot 2r\sin\frac{\theta}{2} < 2\pi r < n\cdot 2r\tan\frac{\theta}{2},$$

$$\therefore n\sin\frac{\theta}{2} < \pi < n\tan\frac{\theta}{2}$$

을 세울 수 있다.

$\theta = \frac{2\pi}{n}$을 이용하여 θ를 없애면, 최종적으로 다음 식이 얻어진다.

$$n \sin\frac{\pi}{n} < \pi < n \tan\frac{\pi}{n}$$

아르키메데스가 원주율을 계산할 당시에는 현대와 같은 기하학이 없었다. 그러나 피타고라스 정리에 의하여 정육각형의 경우에 $\sin\frac{\theta}{2} = \sin 30° = \frac{1}{2}$이고 $\tan\frac{\theta}{2} = \tan 30° = \frac{1}{\sqrt{3}}$이 성립한다는 것을 아르키메데스는 알고 있었다. 그리하여 그는 정육각형에 대하여

$$3 < \pi < 2\sqrt{3}$$

이라는 것을 보일 수 있었다. 위에서 말했듯이 정육각형으로부터 시작한 아르키메데스는 변의 개수를 12개, 24개, 48개, 그리고 마지막으로 96개까지 늘렸고 각각의 정다각형에 대해 사인(sine)의 반각공식(half angle formula)을 사용하여 정다각형의 둘레의 길이를 계산하였다. 그는 정96각형에 대해

$$3\frac{10}{71} < \pi < 3\frac{1}{7}$$

이라는 것을 보였다.

수열의 관점에서 설명한다면 다음과 같다. 자연수 n에 대해 수열 $a_n = n\sin\frac{\pi}{n}$은 n가 무한히 커짐에 따라 원주율에 수렴한다. 수식으로 표현하면 다음과 같다.

$$\lim_{n\to\infty} n \sin\frac{\pi}{n} = \pi$$

아르키메데스의 방법으로 소수점 이하 아홉째자리까지의 정확도를 갖는 원주율 값을 구하기 위해서는 무려 정400000각형을 이용해야 한다. 우리가 원주율을 구하기 위해 사용할 수 있는 실용적인 방법은 아니라는 것이다.

7th 비에트[36] 공식

동서양을 막론하고 方程式(방정식)의 문제는 오랜 역사를 가졌다. 동양에서는 1세기 경에 쓰여졌다고 전해진 『九章算術(구장산술)』의 제9장 方程章(방정장)에서 방정식을 취급하고 있다. 「방정식」이라고 하는 말은 여기에서 유래된 것이고 「방」은 비교한다는 뜻이며, 「정」은 식을 뜻하고 있다. 이차방정식의 해법이 정리된 형식으로 책에 쓰여진 것은 9세기이다. 7세기 이전까지 아라비아에는 수와 기호는 전혀 없었으나, 뒤에 인도, 이집트, 그리스의 수학이 통합되어 아라비아의 수학이 탄생하면서 이차방정식의 해법도 비로서 식으로 정리된 것이다. 삼차방정식의 해법은 이탈리아 수학자 타르탈리아[37]가 발견하였다. 그리고 사차방정식의 해법은 타르탈리아와 동시대의 이탈리아 수학자 카르다노[38]의 저서에서 볼 수 있다. 한편, 사차방정식의 해법이 카르다노의 책에 실려 있기는 하나, 그것을 발견한 것은 카르다노의 제자인 페라리[39]라고 전해지고 있다. 삼차방정식이나 사차방정식의 일반적인 해법을 취급한 것은 비에트이다.

이차방정식, 삼차방정식, 사차방정식의 경우에는 방정식의 계수들을 대상으로 하여 사칙연산과 거듭제곱근 연산을 유한 번 수행하여 방정식의 근을 구할 수 있다. 이와 같이 방정식의 계수들을 대상으로 하여 사칙연산과 거듭제곱근 연산을 유한 번 수행하여 근을 구하는 과정을 대수적 해법이라고 한다. 일차방정식에서 사차방정식까지의 다항방정식은 대수적 해법이 가능하다. 그러나 오차 이상의 일

---

[36] François Viète. **Born:** 1540 in Fontenay-le-Comte, Poitou (now Vendée), France. **Died:** 13 Dec 1603 in Paris, France.

[37] Nicolo Fontana Tartaglia. **Born:** 1500 in Brescia, Republic of Venice (now Italy). **Died:** 13 Dec 1557 in Venice, Republic of Venice (now Italy).

[38] Girolamo Cardano. **Born:** 24 Sept 1501 in Pavia, Duchy of Milan (now Italy). **Died:** 21 Sept 1576 in Rome (now Italy).

[39] Lodovico Ferrari. **Born:** 2 Feb 1522 in Bologna, Papal States (now Italy). **Died:** 5 Oct 1565 in Bologna, Papal States (now Italy).

반적인 다항방정식은 대수적 해법이 불가능함을 갈루아[40]가 증명했다. 대수적 해법이 불가능하다는 말을 근이 존재하지 않는다는 의미로 오해하지 말아라. 근은 존재하지만 방정식의 계수들을 대입해서 구할 수 있는 공식이 존재하지 않는 것이다.

비에트는 16세기 프랑스의 가장 유명한 수학자였는데 특히 대수 분야에서 큰 업적을 남겼다. 비에트는 계수를 나타내는 문자, 덧셈 기호, 뺄셈 기호, 나눗셈을 나타내는 기호 등 오늘날에 사용하고 있는 기호를 만들고 보급했다. 비에트에 의한 문자의 발명으로 기하의 부수적인 위치에서 대수가 벗어나서 독자적인 학문으로 발전하게 되었다. 수십 년이 흐른 후 데카르트와 페르마가 위대한 업적을 남길 수 있었던 것은 그들이 대수의 위력을 알았기 때문일 것이다.

비에트는 또한 삼각함수 분야에서 나름대로 업적을 남겼다.

그럼 원주율 이야기를 하겠다. 비에트는 기하학적인 방법으로 정393216각형의 둘레의 길이를 계산하여 소수 아홉째자리까지 원주율의 값을 구하였다. 그는

$$3.1415926535 < \pi < 3.1415926537$$

이 성립한다고 했다.

또한 비에트는 한 걸음 더 나아가 반지름의 길이가 1인 원에 내접하는 정n각형의 넓이와 정$2n$각형의 넓이의 비를 점화공식(recursion formula)으로 표현할 수 있다는 것에 착안

---

40 Evariste Galois. **Born:** 25 Oct 1811 in Bourg La Reine (near Paris), France. **Died:** 31 May 1832 in Paris, France.

하여 공식

$$\pi = \frac{2}{\sqrt{\frac{1}{2}}\sqrt{\frac{1}{2}+\frac{1}{2}\sqrt{\frac{1}{2}}}\sqrt{\frac{1}{2}+\frac{1}{2}\sqrt{\frac{1}{2}+\frac{1}{2}\sqrt{\frac{1}{2}}}}\cdots}$$

을 1593년에 출판된 *Varioum de rebus mathematicis responsorum liber VIII*에 발표하였는데, 비에트가 이 공식으로 소수 아홉째자리까지 구한 것은 아니다.

비에트의 공식은 원주율을 등식으로 나타낸 최초의 공식이라는 데에 큰 의의가 있는데, 재미있게도 무한곱(infinite product)의 형태로 표현되어 있다. 꼭 원주율이 아니더라도 비에트의 공식은 최초로 무한곱을 사용한 식으로 알려져 있다.

현대의 실용적인 관점에서 비에트 공식은 쓸모가 없다. 공식에 제곱근이 포함되어 있고, 수렴속도가 느리기 때문이다. 그렇다고 하여 비에트의 업적을 과소평가해서는 결코 안 된다.

8th 루돌프[41] 수

원주율을 아르키메데스 상수라고 일컫기도 한다는 사실을 이미 언급했었다. 그런데 원주율을 루돌프 수라고도 흔히 말한다. 그런데 루돌프가 원주율에 대해 놀라운 공식을 만들었거나 한 것은 아니다. 그럼에도 불구하고 루돌프에게는 저절로 경의를 표하게 된다. 왜냐하면 그가 원주율 계산에 거의 평생을 매달렸기 때문이다. 루돌프는 원주율을 35자리까지 구했는데, 그것을 위해 그는 무려 4611686018427387904[42]각형을 이용했다. 수백 년 전 사람이 그런 작업을 했다는 것이 믿기지 않을 정도다. 엄청난 집념이라고 말하지 않을 수 없다. 루돌프의 노력에 경의를 표하기 위해서 오랫동안 독일사람들은 원주율을 Ludolphine number 라고 불렀다. 그런데 루돌프가 35자리까지 구한 연도를 정확히 알기 어렵다. 그 시기를 그의 사망년도인 1610년이라고 가정하더라도 이 기록이 깨진 것은 무려 90여 년이 지난 1699년이었다. 이쯤에서 한 가지 언급해 둘 것이 있다. 알려진 우주를 둘러싸는 원의 둘레를 계산하기 위해 40자리의 원주율을 이용할 경우 수소 원자의 반지름의 길이보다 작은 오차가 발생한다.

한편, 루돌프가 원주율을 35자리까지 구하기 앞서 1596년에 그는 원주율을 20 자리까지 기록한 저서 *Van de Circel*를 출판했다.

루돌프의 가장 유명한 제자는 스넬[43]이다. 물리학자였던 스넬은 현대기하광학의 기본이 되는 굴절법칙을 발견했으나 그는 그 결과를 출판하지 않았다.

루돌프의 제자답게 스넬은 다각형을 이용하여 원주율의 근삿값을 계산하는 고전적인 방법을 향상시키기도 했다.

---

41 Ludolph van Ceulen. **Born:** 28 Jan 1540 in Hildesheim, Germany. **Died:** 31 Dec 1610 in Leiden, Netherlands.

42 $4611686018427387904 = 2^{62}$

43 Willebrord van Royen Snell. **Born:** 1580 in Leiden, Netherlands. **Died:** 30 Oct 1626 in Leiden, Netherlands.

루돌프가 죽고 난 후 그의 비석에는 그가 구한 원주율값이 새겨졌는데 나중에 안타깝게도 비석이 소실되었다. 그러다가 불과 몇 년 전인 2000년에 비석이 복원되었다. 옆의 사진은 복원된 비석의 사진인데, 비문을 해석하자면 다음과 같다. 지름의 길이가 1인 원의 둘레의 길이는 $3\frac{14159265358979323846264338327950288}{100000000000000000000000000000000000}$ 보다 크고 $3\frac{14159265358979323846264338327950289}{100000000000000000000000000000000000}$ 보다 작다.

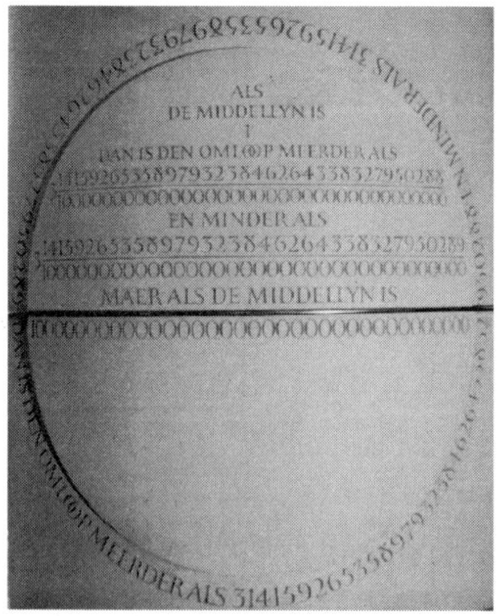

9th 왈리스[44] 공식

뉴턴이 등장하기 이전의 영국에서 가장 영향력있는 수학자가 바로 왈리스였다. 그는 케플러, 카발리에리, 토리첼리[45], 데카르트[46]에 대해서 공부했다.

왈리스는 사분원(quadrant)의 면적을 구함으로써 원주율의 값을 계산하는 방법을 발견하였다. 단위원(unit circle)의 사분원의 면적은 π이다. 그 면적을 구함으로써 원주율의 값을 구할 수 있다.

왈리스는 아래 그림

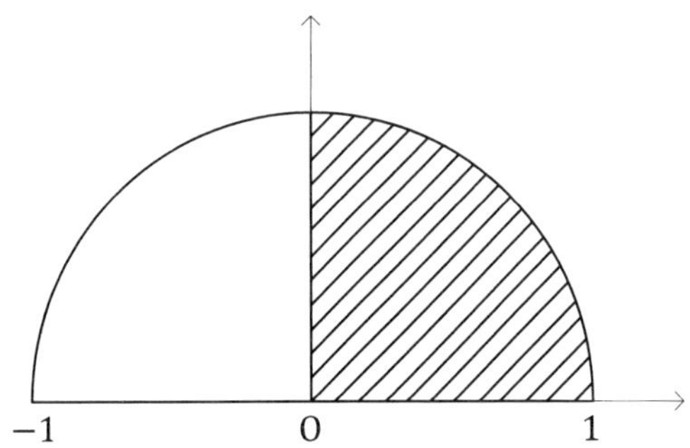

에서 빗금 친 부분의 면적을 기하학적으로 구하려고 노력하였다. 현대의 계산 표기법으로는

$$\int_0^1 \sqrt{1-x^2}\,dx = \frac{\pi}{4}$$

---

44 John Wallis. **Born:** 23 Nov 1616 in Ashford, Kent, England. **Died:** 28 Oct 1703 in Oxford, England.

45 Evangelista Torricelli. **Born:** 15 Oct 1608 in Faenza, Romagna (now Italy). **Died:** 25 Oct 1647 in Florence, Tuscany (now Italy).

46 René Descartes. **Born:** 31 March 1596 in La Haye (now Descartes),Touraine, France. **Died:** 11 Feb 1650 in Stockholm, Sweden.

이다. 이 식은 고등학생에게 익숙한 식이다.

1671년에 뉴턴은 위의 계산을 할 수 있었다. 그러나 왈리스가 이 문제를 풀려고 하였을 때에는, 적분 계산법이 없었고 정수가 아닌 수에 대한 이항정리도 없었다. 그래서 왈리스는 일련의 내삽법(interpolation)과 귀납법(induction)을 이용하여 왈리스 공식이라고 알려진

$$\pi = 2 \times \frac{2 \times 2 \times 4 \times 4 \times 6 \times 6 \times 8 \times 8 \times 10 \times 10 \times \cdots}{1 \times 1 \times 3 \times 3 \times 5 \times 5 \times 7 \times 7 \times 9 \times 9 \times \cdots}$$

을 1656년에 출판된 그의 저서 *Arithmetica infinitorum*에 발표하였다.

앞에서 다루었던 비에트 공식은 원주율을 무한곱으로 나타낸 최초의 식이라고 하였는데, 그 공식은 무리수를 사용한 공식이다. 왈리스 공식은 무리수를 사용하지 않고 유리수만의 무한곱으로 원주율을 표현한 최초의 식이다. 또한 왈리스 공식은 아르키메데스와 그 후의 여러 수학자들이 정다각형을 이용해서 원주율을 계산하던 종래의 방법과는 다른 새로운 방식을 사용한 최초의 공식이기도 하다.

왈리스 공식의 단점은 수렴속도가 매우 느리다는 것이다.

그럼 지금부터 왈리스의 실제 유도 과정을 살펴보자. 왈리스의 실제 유도 과정은 수학도깨비가 이 책 전체를 통틀어서 가장 재미있다고 생각하는 2가지 내용 중의 하나이다.

조금 전에도 살펴보았듯이, 아래의 그림

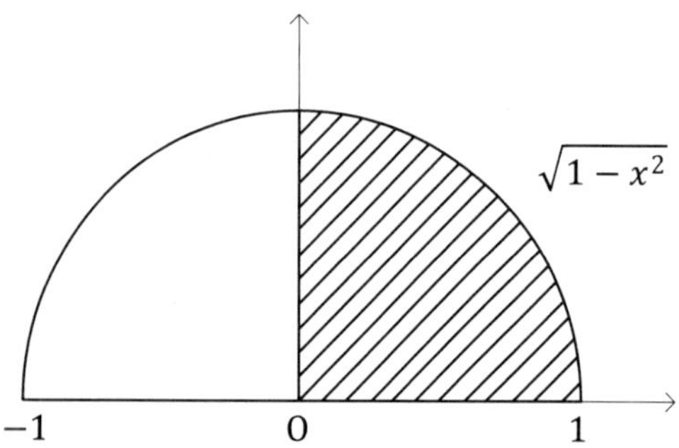

에서 빗금친 부분의 넓이는

$$\int_0^1 \sqrt{1-x^2}dx = \frac{\pi}{4}$$

이다. 지금부터 전개해 나갈 것은 왈리스가 적분 $\int_0^1 \sqrt{1-x^2}dx$을 계산하기 위해 어떻게 했느냐 하는 것이다.

왈리스는

$$\int_0^1 \left(1-x^{\frac{1}{p}}\right)^q dx$$

을 계산하려고 하였다. q가 陰(음)이 아닌 정수일 때 이 적분을 구하여 보자.

$q=0$이면

$$\int_0^1 \left(1-x^{\frac{1}{p}}\right)^0 dx = \int_0^1 1dx = [x]_{x=0}^1 = 1$$

이다.

$q=1$이면

$$\int_0^1 \left(1-x^{\frac{1}{p}}\right)^1 dx = \int_0^1 \left[1-x^{\frac{1}{p}}\right] dx = \left[x - \frac{p}{p+1}x^{1+\frac{1}{p}}\right]_{x=0}^1 = 1 - \frac{p}{p+1} = \frac{1}{p+1}$$

이다.

$q=2$이면

$$\begin{aligned}\int_0^1 \left(1-x^{\frac{1}{p}}\right)^2 dx &= \int_0^1 \left[1-2x^{\frac{1}{p}}+x^{\frac{2}{p}}\right] dx = \left[x - \frac{2p}{p+1}x^{1+\frac{1}{p}} + \frac{p}{p+2}x^{1+\frac{2}{p}}\right]_{x=0}^1 \\ &= 1 - \frac{2p}{p+1} + \frac{p}{p+2} = \frac{(p+1)(p+2) - 2p(p+2) + p(p+1)}{(p+1)(p+2)} \\ &= \frac{p^2+3p+2-2p^2-4p+p^2+p}{(p+1)(p+2)} = \frac{2}{(p+1)(p+2)}\end{aligned}$$

이다.

$q=3$이면

$$\int_0^1 \left(1 - x^{\frac{1}{p}}\right)^3 dx = \int_0^1 \left[1 - 3x^{\frac{1}{p}} + 3x^{\frac{2}{p}} - x^{\frac{3}{p}}\right] dx$$
$$= \left[x - \frac{3p}{p+1}x^{1+\frac{1}{p}} + \frac{3p}{p+2}x^{1+\frac{2}{p}} - \frac{p}{p+3}x^{1+\frac{3}{p}}\right]_{x=0}^1 = 1 - \frac{3p}{p+1} + \frac{3p}{p+2} - \frac{p}{p+3}$$
$$= \frac{(p+1)(p+2)(p+3) - 3p(p+2)(p+3) + 3p(p+1)(p+3) - p(p+1)(p+2)}{(p+1)(p+2)(p+3)}$$
$$= \frac{p^3 + 6p^2 + 11p + 6 - 3p^3 - 15p^2 - 18p + 3p^3 + 12p^2 + 9p - p^3 - 3p^2 - 2p}{(p+1)(p+2)(p+3)}$$
$$= \frac{6}{(p+1)(p+2)(p+3)}$$

이다.

그럼 $q = 4$일 때는? 계산해 보면

$$\int_0^1 \left(1 - x^{\frac{1}{p}}\right)^4 dx = \int_0^1 \left[1 - 4x^{\frac{1}{p}} + 6x^{\frac{2}{p}} - 4x^{\frac{3}{p}} + x^{\frac{4}{p}}\right] dx$$
$$= \left[x - \frac{4}{1+\frac{1}{p}}x^{1+\frac{1}{p}} + \frac{6}{1+\frac{2}{p}}x^{1+\frac{2}{p}} - \frac{4}{1+\frac{3}{p}}x^{1+\frac{3}{p}} + \frac{1}{1+\frac{4}{p}}x^{1+\frac{4}{p}}\right]_{x=0}^1$$
$$= 1 - \frac{4}{1+\frac{1}{p}} + \frac{6}{1+\frac{2}{p}} - \frac{4}{1+\frac{3}{p}} + \frac{1}{1+\frac{4}{p}}$$
$$= 1 - \frac{4p}{p+1} + \frac{6p}{p+2} - \frac{4p}{p+3} + \frac{p}{p+4} = \frac{24}{(p+1)(p+2)(p+3)(p+4)}$$

을 얻을 수 있다.

더 이상 계산해 보지 않아도 위 정적분들의 결과에서 규칙을 찾을 수 있을 것이다. 우리는 일반적으로

$$\int_0^1 \left(1 - x^{\frac{1}{p}}\right)^q dx$$
$$= \frac{q!}{(p+1) \times (p+2) \times (p+3) \times \cdots \times (p+q-2) \times (p+q-1) \times (p+q)}$$

을 유도할 수 있다.

이제 적분 $\int_0^1 \left(1 - x^{\frac{1}{p}}\right)^q dx$의 역수를 취한다. 이 함수를 $f(p,q)$이라고 하자. 즉

다음과 같이 말이다.

$$f(p,q) = \frac{1}{\int_0^1 \left(1 - x^{\frac{1}{p}}\right)^q dx}$$

왈리스는 $f(p,q)$의 값에 대한 아래의 표를 만들었다.

		q									
		-0.5	0	0.5	1	1.5	2	2.5	3	3.5	4
p	-0.5		1		0.5		$\frac{3}{8}$				
	0		1		1		1				
	0.5		1		1.5		$\frac{15}{8}$				
	1		1		2		3				
	1.5		1		2.5		$\frac{35}{8}$				
	2		1		3		6				
	2.5		1		3.5		$\frac{63}{8}$				
	3		1		4		10				
	3.5		1		4.5		$\frac{99}{8}$				
	4		1		5		15		35		70

q가 정수일 때 $f(p,q) = f(q,p)$임을 알 수 있다.

왈리스는 q가 정수가 아니더라도 위의 관계식이 성립할 것이라고 가정하였다. 그리하여 위의 표에서 빠진 부분을 채워 아래의 표를 작성했다.

		q									
		-0.5	0	0.5	1	1.5	2	2.5	3	3.5	4
p	-0.5		1		0.5		$\frac{3}{8}$				
	0	1	1	1	1	1	1	1	1	1	1
	0.5		1		1.5		$\frac{15}{8}$				
	1	0.5	1	1.5	2	2.5	3	3.5	4	4.5	5
	1.5		1		2.5		$\frac{35}{8}$		$\frac{105}{16}$		$\frac{1155}{128}$
	2	$\frac{3}{8}$	1	$\frac{15}{8}$	3	$\frac{35}{8}$	6	$\frac{63}{8}$	10	$\frac{99}{8}$	15

	2.5		1		3.5		$\frac{63}{8}$		$\frac{231}{16}$		$\frac{3003}{128}$
	3	$\frac{5}{16}$	1	$\frac{35}{16}$	4	$\frac{105}{16}$	10	$\frac{231}{16}$	20	$\frac{429}{16}$	35
	3.5		1		4.5		$\frac{99}{8}$		$\frac{429}{16}$		$\frac{6435}{128}$
	4	$\frac{35}{128}$	1	$\frac{315}{128}$	5	$\frac{1155}{128}$	15	$\frac{3003}{128}$	35	$\frac{6435}{128}$	70

위의 표에 대하여 $\frac{f(p,q)}{f(p,q-1)}$를 계산하여 보면

$$\frac{f(p,q)}{f(p,q-1)} = \frac{p+q}{q}$$

임을 알 수 있다.

왈리스는 위의 식에 의거하여 위의 표에서 빠진 부분을 완전히 채웠다. 즉 아래의 표를 작성했다.

		q									
		-0.5	0	0.5	1	1.5	2	2.5	3	3.5	4
p	-0.5	∞	1	$\frac{1}{2}\square$	0.5	$\frac{1}{3}\square$	$\frac{3}{8}$	$\frac{4}{15}\square$	$\frac{5}{16}$	$\frac{8}{35}\square$	$\frac{35}{128}$
	0	1	1	1	1	1	1	1	1	1	1
	0.5	$\frac{1}{2}\square$	1	$\square = \frac{4}{\pi}$	1.5	$\frac{4}{3}\square$	$\frac{15}{8}$	$\frac{8}{5}\square$	$\frac{35}{16}$	$\frac{64}{35}\square$	$\frac{315}{128}$
	1	0.5	1	1.5	2	2.5	3	3.5	4	4.5	5
	1.5	$\frac{1}{3}\square$	1	$\frac{4}{3}\square$	2.5	$\frac{8}{3}\square$	$\frac{35}{8}$	$\frac{64}{15}\square$	$\frac{105}{16}$	$\frac{128}{21}\square$	$\frac{1155}{128}$
	2	$\frac{3}{8}$	1	$\frac{15}{8}$	3	$\frac{35}{8}$	6	$\frac{63}{8}$	10	$\frac{99}{8}$	15
	2.5	$\frac{4}{15}\square$	1	$\frac{8}{5}\square$	3.5	$\frac{64}{15}\square$	$\frac{63}{8}$	$\frac{128}{15}\square$	$\frac{231}{16}$	$\frac{512}{35}\square$	$\frac{3003}{128}$
	3	$\frac{5}{16}$	1	$\frac{35}{16}$	4	$\frac{105}{16}$	10	$\frac{231}{16}$	20	$\frac{429}{16}$	35
	3.5	$\frac{8}{35}\square$	1	$\frac{64}{35}\square$	4.5	$\frac{128}{21}\square$	$\frac{99}{8}$	$\frac{512}{35}\square$	$\frac{429}{16}$	$\frac{1024}{35}\square$	$\frac{6435}{128}$
	4	$\frac{35}{128}$	1	$\frac{315}{128}$	5	$\frac{1155}{128}$	15	$\frac{3003}{128}$	35	$\frac{6435}{128}$	70

p가 자연수일 때 q가 증가함에 따라 $f(p,q)$도 증가함을 알 수 있다. $p = 0.5$일 때에도 그럴 것이라고 생각할 수 있다. $\square = \frac{4}{\pi}$임을 고려하면 부등식

$$1 < \frac{4}{\pi} < \frac{3}{2} < \frac{16}{3\pi} < \frac{15}{8} < \frac{32}{5\pi} < \frac{35}{16} < \frac{256}{35\pi} < \frac{315}{128}$$

을 얻는다.

위의 부등식을

$$1<\frac{4}{\pi}<\frac{3}{2}<\frac{4}{3}\cdot\frac{4}{\pi}<\frac{3}{2}\cdot\frac{5}{4}<\frac{4}{3}\cdot\frac{6}{5}\cdot\frac{4}{\pi}<\frac{3}{2}\cdot\frac{5}{4}\cdot\frac{7}{6}<\frac{4}{3}\cdot\frac{6}{5}\cdot\frac{8}{7}\cdot\frac{4}{\pi}<\frac{3}{2}\cdot\frac{5}{4}\cdot\frac{7}{6}\cdot\frac{9}{8}$$

으로 변형할 수 있다.

일반적으로

$$\frac{3}{2}\frac{5}{4}\frac{7}{6}\cdots\frac{2n-5}{2n-6}\frac{2n-3}{2n-4}\frac{2n-1}{2n-2}<\frac{4}{3}\frac{6}{5}\frac{8}{7}\cdots\frac{2n-2}{2n-3}\frac{2n}{2n-1}\frac{4}{\pi}<\frac{3}{2}\frac{5}{4}\frac{7}{6}\cdots\frac{2n-3}{2n-4}\frac{2n-1}{2n-2}\frac{2n+1}{2n},$$

$$\frac{2}{3}\frac{4}{5}\frac{6}{7}\cdots\frac{2n-4}{2n-3}\frac{2n-2}{2n-1}\frac{2n}{2n+1}<\frac{3}{4}\frac{5}{6}\frac{7}{8}\cdots\frac{2n-3}{2n-2}\frac{2n-1}{2n}\frac{\pi}{4}<\frac{2}{3}\frac{4}{5}\frac{6}{7}\cdots\frac{2n-6}{2n-5}\frac{2n-4}{2n-3}\frac{2n-2}{2n-1},$$

$$\frac{2}{3}\frac{4}{3}\frac{4}{5}\frac{6}{5}\frac{6}{7}\frac{8}{7}\cdots\frac{2n-2}{2n-1}\frac{2n}{2n-1}\frac{2n}{2n+1}<\frac{\pi}{4}<\frac{2}{3}\frac{4}{3}\frac{4}{5}\frac{6}{5}\frac{6}{7}\frac{8}{7}\cdots\frac{2n-4}{2n-3}\frac{2n-2}{2n-1}\frac{2n}{2n-1},$$

$$\therefore\frac{4}{3}\frac{4}{3}\frac{4}{5}\frac{6}{5}\frac{6}{7}\frac{8}{7}\cdots\frac{2n-2}{2n-1}\frac{2n}{2n-1}\frac{2n}{2n+1}<\frac{\pi}{2}<\frac{4}{3}\frac{4}{3}\frac{4}{5}\frac{6}{5}\frac{6}{7}\frac{8}{7}\cdots\frac{2n-4}{2n-3}\frac{2n-2}{2n-1}\frac{2n}{2n-1}$$

을 얻을 수 있다.

$n\to\infty$인 상황에서 결국 다음과 같이 된다.

$$\frac{\pi}{2}=\frac{2}{1}\times\frac{2}{3}\times\frac{4}{3}\times\frac{4}{5}\times\frac{6}{5}\times\frac{6}{7}\times\frac{8}{7}\times\cdots$$

왈리스의 방법에 감탄하지 않을 수 없을 것이다!

자, 이제 왈리스의 과정을 다시 한 번 음미해 볼 때가 되었다. 카발리에리[47]의 방법에 기초하여 왈리스는 n가 정수일 때 $\sqrt{1-x^2}^{\,n}$을 적분하는 문제를 해결했다. 그러나 n가 분수인 경우를 다룰 수 없었다. 그는 이것을 해결하기 위해 내삽법(interpolation)을 사용했는데 내삽법이라는 용어는 이 작업에서 왈리스가 도입했던 것이다. 왈리스의 내삽법은 천문학자인 케플러[48]의 연속 개념을 사용했다. 그리고 왈리스는 내삽법으로 적분을 계산하는 법을 발견했다. 훗날 뉴턴[49]은 이항정리에 관한 연구에서

---

[47] Bonaventura Francesco Cavalieri. **Born:** 1598 in Milan, Duchy of Milan, Habsburg Empire (now Italy). **Died:** 30 Nov 1647 in Bologna, Papal States (now Italy).

[48] Johannes Kepler. **Born:** 27 Dec 1571 in Weil der Stadt, Württemberg, Holy Roman Empire (now Germany). **Died:** 15 Nov 1630 in Regensburg (now in Germany).

[49] Sir Isaac Newton. **Born:** 4 Jan 1643 in Woolsthorpe, Lincolnshire, England. **Died:** 31

왈리스의 이러한 적분법을 사용했다. 뉴턴은 다음과 같이 썼다. About the beginning of my mathematical studies, as soon as the works of our celebrated countryman, Dr Wallis, fell into my hands, by considering the Series, by the Intercalation of which, he exhibits the Area of the Circle and the Hyperbola....

March 1727 in London, England.

10th 원주율의 제곱근 공식

원주율에 대한 왈리스 공식에 약간의 조작을 하면 $\sqrt{\pi}$에 대한 공식을 얻을 수 있다.

식

$$\lim_{k\to\infty}\frac{2k}{2k+1}=1$$

이 성립하므로, 원주율에 대한 왈리스 공식을

$$\frac{\pi}{2}=\lim_{k\to\infty}\frac{2\times2\times4\times4\times6\times6\times\cdots\times(2k-2)^2}{1\times1\times3\times3\times5\times5\times\cdots\times(2k-1)^2}2k$$

으로 쓸 수 있다.

양변에 제곱근을 취하면

$$\sqrt{\frac{\pi}{2}}=\lim_{k\to\infty}\frac{2\times4\times6\times\cdots\times(2k-6)\times(2k-4)\times(2k-2)}{1\times3\times5\times\cdots\times(2k-5)\times(2k-3)\times(2k-1)}\sqrt{2k}$$

이다.

우변의 분모와 분자에 $2\times4\times6\times\cdots\times(2k-4)\times(2k-2)\times2k$를 곱하면

$$\lim_{k\to\infty}\frac{2\times2\times4\times4\times6\times6\times\cdots\times(2k-4)\times(2k-4)\times(2k-2)\times(2k-2)\times2k}{1\times2\times3\times4\times5\times6\times\cdots\times(2k-4)\times(2k-3)\times(2k-2)\times(2k-1)\times2k}\sqrt{2k}$$
$$=\lim_{k\to\infty}\frac{2\times2\times4\times4\times6\times6\times\cdots\times(2k-4)\times(2k-2)\times(2k-2)\times2k\times2k}{1\times2\times3\times4\times5\times6\times\cdots\times(2k-3)\times(2k-2)\times(2k-1)\times2k\times\sqrt{2k}}$$
$$=\lim_{k\to\infty}\frac{2^{2k}(k!)^2}{(2k)!\sqrt{2k}},$$

으로 된다.

위의 두 식으로부터

$$\sqrt{\frac{\pi}{2}}=\lim_{k\to\infty}\frac{2^{2k}(k!)^2}{(2k)!\sqrt{2k}}$$

이 성립한다.

양변에 $\sqrt{2}$를 곱하면, 최종적으로 아래 식을 얻게 된다.

$$\sqrt{\pi} = \lim_{k\to\infty} \frac{2^{2k}(k!)^2}{(2k)!\sqrt{k}}$$

어떤가? 재미있지 않은가?

11th 탄젠트 함수의 역함수

일차함수 그래프가 수평축과 이루는 각도의 탄젠트 값은 그 직선의 기울기를 의미한다. 우리는 이것을 거꾸로 생각할 수도 있다. 즉, 기울기가 주어질 때 그에 대응하는 각도는 무엇이냐 하는 것이다. 이러한 사고방식을 수학에서 역함수라고 말하는데, 지금 논의하고 있는 탄젠트 함수의 역함수를 아크탄젠트 함수라고 부른다. 탄젠트 앞에 아크를 붙인 이유는 무엇일까?

우리는 일상 생활에서 각도의 단위로 °를 자주 사용한다. 1°는 완전한 1회전을 360등분한 크기이다. 그런데 수학에서 이론을 전개해 나갈 때 이 단위를 거의 사용하지 않는다. 왜냐하면 불편하기 때문이다. 우리가 수학적으로 사용하는 것은 주로 라디안이다. 라디안의 정의는 무엇인가? 반지름의 길이가 1인 원을 단위원이라고 하는데 단위원에서 하나의 적당한 부채꼴을 생각해 보자. 이때 부채꼴의 호(arc)의 길이를 라디안이라고 말하며 라디안을 단위로 해서 각도의 크기를 나타내는 방법을 호도법이라고 한다. 수학자들은 완전한 1회전을 2πradians으로 정의한다. 그러므로 $360° = 2\pi$radians이다.

탄젠트 앞에 아크를 붙인 이유가 라디안 측정과 관계 있다. 즉, 단위원에서 어떤 각을 중심각으로 하는 부채꼴을 그리면, 라디안은 그 중심각에 의해 절단된 호의 길이이다. 이때 호에 해당하는 영어 단어가 arc인 것이다.

$y = \tan x$의 역함수는 $y = \arctan x$임을 반드시 기억하자.

12th 테일러[50] 급수

변수 x의 거듭제곱과 계수로 이루어진

$$a_0 + a_1 x + a_2 x^2 + \cdots + a_{n-1} x^{n-1} + a_n x^n + \cdots \qquad [2]$$

형태의 무한급수를 x에 관한 멱급수라고 부른다. 이것은 우리에게 매우 친숙한 다항식

$$a_0 + a_1 x + a_2 x^2 + \cdots + a_{n-1} x^{n-1} + a_n x^n$$

을 일반화시킨 것이다.

더 나아가서 우리는 [2]을

$$a_0 + a_1(x-k) + a_2(x-k)^2 + \cdots + a_{n-1}(x-k)^{n-1} + a_n(x-k)^n + \cdots$$

처럼 좀더 일반화시킬 수 있고 이것을 $x-k$에 관한 멱급수라고 부른다.

멱급수 [2]에서 어떤 특정한 값을 x에 대입하면, 멱급수는 상수들을 무한히 더하는 급수로 전환된다. 이렇게 전환된 급수는 수렴할 수도 있고 발산할 수도 있다. 멱급수 [2]에 대해 우리는 다음 사실들을 알 수 있다.

---

(1) x에 0를 대입할 경우 [2]가 수렴하는 것은 자명하다.

---

(2) 어떤 양수 b를 [2]에 대입했을 때 [2]가 수렴하면, $|x| < b$을 만족시키는 모든 x에 대해서 [2]는 수렴한다. b를 [2]에 대입했을 때 [2]가 발산하면, $|x| > b$을 만족시키는 모든 x에 대해서 [2]는 발산한다

결론적으로 x에 관한 멱급수가 수렴하는 모든 x의 집합은 실수상의 구간 $-b < x < b$을 형성하고 이 구간을 수렴구간이라고 부른다. x에 관한 멱급수의 수

---

50 Brook Taylor. **Born:** 18 Aug 1685 in Edmonton, Middlesex, England. **Died:** 29 Dec 1731 in Somerset House, London, England.

렴구간은 점 $x = 0$을 중심으로 하는 구간이다.

마찬가지로 $x - k$에 관한 멱급수의 수렴구간은 $k - b < x < k + b$이고, 이것은 점 $x = k$을 중심으로 하는 구간이다.

수렴구간에 속하는 모든 x에 대해서 멱급수는 x의 함수이다. 그래서 우리는

$$f(x) = a_0 + a_1 x + a_2 x^2 + \cdots + a_{n-1} x^{n-1} + a_n x^n + \cdots$$

과 같이 쓸 수 있다. 물론

$$f(x) = a_0 + a_1(x - k) + a_2(x - k)^2 + \cdots + a_{n-1}(x - k)^{n-1} + a_n(x - k)^n + \cdots$$

도 허용된다.

급수

$$1 + x + x^2 + x^3 + \cdots$$

를 생각해 보자. 구간 $-1 < x < 1$에 속하는 모든 x에 대해서 이 급수가 $\frac{1}{1-x}$에 수렴함을 잘 알고 있을 것이다. 따라서 우리는

$$\frac{1}{1 - x} = 1 + x + x^2 + x^3 + \cdots, \quad -1 < x < 1$$

과 같이 쓸 수 있다. 이 상황을 우리는 함수 $\frac{1}{1-x}$를 멱급수로 전개했다고 말한다.

이 시점에서 다음과 같은 생각을 할 수 있다. 어떤 함수 $f(x)$를 x에 관한 멱급수로 전개할 수 있다면, 각 계수가 구체적으로 어떤 값이 되어야 하는가 말이다. 이 의문을 풀어보자.

$f(x)$의 멱급수 전개

$$f(x) = a_0 + a_1 x + a_2 x^2 + \cdots + a_{n-1} x^{n-1} + a_n x^n + \cdots$$

에 $x = 0$을 대입하면

$$f(0) = a_0$$

을 얻는다. 즉, 계수 a_0의 값은 $f(0)$이어야 한다는 사실을 알게 된다.

$f(x)$의 멱급수 전개를 무한 번 계속해서 미분할 수 있다고 가정하자.

$f(x)$의 멱급수 전개를 1번 미분한

$$f'(x) = a_1 + 2a_2 x + 3a_3 x^2 + \cdots + (n - 1)a_{n-1} x^{n-2} + n a_n x^{n-1} + \cdots$$

에 $x=0$을 대입하면

$$f^{'}(0) = a_1$$

을 얻는다. 즉, 계수 a_1의 값은 $f'(0)$이어야 한다는 사실을 알게 된다.

$f(x)$의 멱급수 전개를 2번 미분한

$$f^{''}(x) = 2a_2 + 6a_3x + 12a_4x^2 + \cdots + (n-1)na_nx^{n-2} + \cdots$$

에 $x=0$을 대입하면

$$f^{''}(0) = 2a_2$$

을 얻는다. 즉, 계수 a_2의 값은 $\frac{f^{''}(0)}{2}$이어야 한다는 사실을 알게 된다.

$f(x)$의 멱급수 전개를 3번 미분한

$$f^{''}{}'(x) = 6a_3 + 24a_4x + 120a_5x^2 + \cdots + (n-2)(n-1)na_nx^{n-3} + \cdots$$

에 $x=0$을 대입하면

$$f^{'''}(0) = 6a_3$$

을 얻는다. 즉, 계수 a_3의 값은 $\frac{f^{'''}(0)}{6}$이어야 한다는 사실을 알게 된다.

마찬가지 방식으로 계속 하다 보면, 계수 a_n의 값은 $\frac{f^{(n)}(0)}{n!}$이어야 한다는 사실을 알게 된다.

이제 멋진 정리를 하나 작성할 수 있다. 다음과 같이 말이다.

> 어떤 함수 $f(x)$를 x에 관한 멱급수로 전개할 수 있고 이 함수가 무한히 미분가능하다면, 수렴구간에서
>
> $$f(x) = f(0) + f'(0)x + \frac{f^{''}(0)}{2}x^2 + \cdots + \frac{f^{(n-1)}(0)}{(n-1)!}x^{n-1} + \frac{f^{(n)}(0)}{n!}x^n + \cdots$$

더 나아가서 다음 정리를 세울 수 있다.

> 어떤 함수 $f(x)$를 $x-k$에 관한 멱급수로 전개할 수 있고 이 함수가 무한히 미분가능하다면, 수렴구간에서
>
> $$f(x) = f(k) + f'(k)(x-k) + \frac{f^{''}(k)}{2}(x-k)^2 + \cdots + \frac{f^{(n)}(k)}{n!}(x-k)^n + \cdots$$

함수 $f(x)$를 $x-k$에 관한 멱급수로 전개한 사람은 테일러인데 그는 수렴 여부

를 고려하지는 않았다.

테일러 전개의 유용성을 처음에는 이해하지 못하기 십상이다. 테일러 전개의 유용성은 미적분학을 배워야 비로소 깨닫게 된다. 독자여러분은 미적분학을 배우기 전에 삼각함수와 로그함수 등을 배웠다. 그런데 삼각함수와 로그함수의 광범위한 수표가 어떻게 만들어졌는지 의아하게 생각해 본 적이 있는가? 계산기가 계산했을 거라고 대답할 것이다. 그러면 또 질문할 수 있다. 그럼 계산기는 도대체 어떻게 계산했을까?

자연로그의 밑 e의 값을 소수점 아래 적당히 몇자리까지 근사적으로 알고 싶다고 하자. e^x의 테일러 전개가

$$e^x = 1 + x + \frac{x^2}{2} + \frac{x^3}{3!} + \frac{x^4}{4!} + \frac{x^5}{5!} + \cdots$$

임을 쉽게 알 수 있다. 이 식은 모든 x에 대해서 성립한다.

위의 식에 $x = 1$을 대입하면

$$e = 1 + 1 + \frac{1}{2} + \frac{1}{6} + \frac{1}{24} + \frac{1}{120} + \cdots$$

이다. $\frac{1}{2}$까지 더하면 2.5, $\frac{1}{6}$까지 더하면 대략 2.66667, $\frac{1}{24}$까지 더하면 대략 2.70833, $\frac{1}{120}$까지 더하면 대략 2.71667이다. 더하는 항의 개수를 늘려갈수록 e의 참값인 2.71828⋯에 가까워진다.

이번에는 $\sin 10°$을 소수점 아래 적당히 몇자리까지 근사적으로 알고 싶다고 하자. $\sin x$의 테일러 전개가

$$\sin x = x - \frac{x^3}{3!} + \frac{x^5}{5!} - \frac{x^7}{7!} + \frac{x^9}{9!} - \cdots$$

임을 쉽게 알 수 있다. 이 식은 모든 x에 대해서 성립한다.

위의 식에 $x = 10° = \frac{\pi}{18}$을 대입하면

$$\sin 10° = \frac{\pi}{18} - \frac{\left(\frac{\pi}{18}\right)^3}{3!} + \frac{\left(\frac{\pi}{18}\right)^5}{5!} - \frac{\left(\frac{\pi}{18}\right)^7}{7!} + \frac{\left(\frac{\pi}{18}\right)^9}{9!} - \cdots$$

이다. 우변은 양수와 음수가 번갈아가면서 항을 구성하는 교대급수이다. $\frac{\pi}{18}$만 취

하면 대략 0.174533, $-\frac{\left(\frac{\pi}{18}\right)^3}{3!}$까지 더하면 대략 0.173647, $\frac{\left(\frac{\pi}{18}\right)^5}{5!}$까지 더하면 대략 0.173648, $-\frac{\left(\frac{\pi}{18}\right)^7}{7!}$까지 더하면 대략 0.173648이다. 항의 개수를 늘려갈수록 $\sin 10°$의 참값인 0.173648⋯에 가까워진다.

지금 공부한 테일러 급수는 원주율에 관한 여러 가지 공식을 유도하고 원주율의 근삿값을 계산하는 데 자주 등장한다.

13th 그레고리[51]-라이프니츠[52] 공식

뉴턴[53]과 라이프니츠 중에서 누가 먼저 미적분학을 발견했는지 여부를 두고 격렬한 논쟁이 있었다. 이 논쟁은 數學史에서 유명한 이야기인데, 미적분 발견의 발단이 된 것은 서로 다르다. 뉴턴은 물체의 운동을 연구하는 과정에서 미적분을 발견했고, 라이프니츠는 넓이나 접선 등 도형을 연구하는 과정에서 미적분을 발견했다.

적분의 개념은 일찍이 아르키메데스부터 시작했다고 할 수 있다. 아르키메데스는 포물선과 포물선에 그은 현으로 둘러싸인 도형의 넓이를 구하기 위해 삼각형으로 접근시킨 후 그 넓이 합의 극한값을 계산했다. 아르키메데스의 방법은 구분구적법의 시초가 된다.

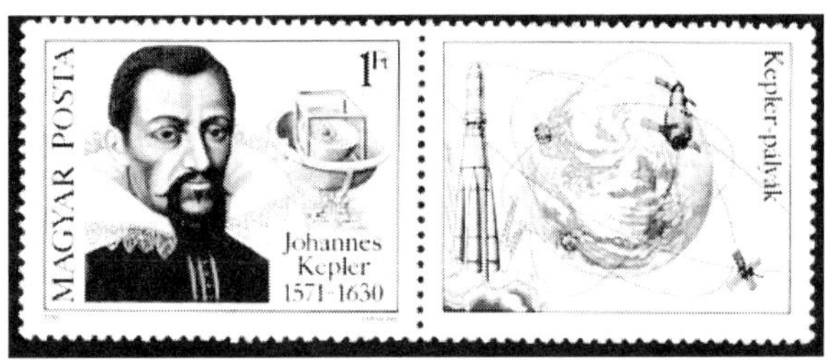

천체가 운동할 때 성립하는 세 가지의 법칙으로 가장 유명한 천문학자인 케플러[54]는 한없이 작은 부분이 무수히 많이 모여서 넓이나 부피가 된 것으로 생각했다. 이것이 바로 구분구적법이다. 이것과 관련하여 재미있는 일화가 전해지고 있다. 1612년에 독일에서 포도가 대풍작이었다. 그리하여 저렴한 가격으로 포도주를 마실 수 있었다. 이 무

---

51 James Gregory. **Born:** Nov 1638 in Drumoak (near Aberdeen), Scotland. **Died:** Oct 1675 in Edinburgh, Scotland.

52 Gottfried Wilhelm von Leibniz. **Born:** 1 July 1646 in Leipzig, Saxony (now Germany). **Died:** 14 Nov 1716 in Hannover, Hanover (now Germany).

53 Sir Isaac Newton. **Born:** 4 Jan 1643 in Woolsthorpe, Lincolnshire, England. **Died:** 31 March 1727 in London, England.

54 Johannes Kepler. **Born:** 27 Dec 1571 in Weil der Stadt, Württemberg, Holy Roman Empire (now Germany). **Died:** 15 Nov 1630 in Regensburg (now in Germany).

렵 케플러는 이상한 사실을 알게 되었다. 포도주 장수는 통의 구멍에 자를 집어 넣고 포도주에 자가 얼마나 젖는지를 보고 통 속에 들어 있는 포도주의 양을 측정했다. 그러나 케플러가 보기에 문제점이 있었다. 통의 윗부분과 아랫부분의 크기가 다르기 때문에 포도주 장수가 포도주의 양을 측정하는 방식에 문제가 있었던 것이다. 사람들은 그것에 대해 별다른 문제제기를 하지 않았나 보다. 그러나 케플러는 역시 위대한 학자였다. 그는 통의 부피를 계산해서 포도주 장수에게 항의했다. 결국에 그는 통의 부피를 재는 방법에 관한 책을 출판했다. 케플러는 얇은 두께의 수많은 원판이 쌓여서 된 것으로 통을 간주했다.

카발리에리[55]는 케플러의 생각을 엄밀하게 했다. 카발리에리는 폭이 없는 선의 총합으로 넓이를 생각했고 두께가 없는 면의 총합으로 부피를 생각했다.

라이프니츠가 원주율 연구에 남긴 업적을 살펴 보자.

그레고리는 1671년에, 라이프니츠는 1673년에

$$\left(\arctan 1 = \frac{\pi}{4}\right) = 1 - \frac{1^3}{3} + \frac{1^5}{5} - \frac{1^7}{7} + \frac{1^9}{9} - \frac{1^{11}}{11} + \cdots = 1 - \frac{1}{3} + \frac{1}{5} - \frac{1}{7} + \frac{1}{9} - \frac{1}{11} + \cdots$$

을 서로 독립적으로 발견하였다. 여기에서 arctan 함수는 tan 함수의 역함수이다.

위의 식을 두 가지 방식으로 증명을 해 보겠다. 한 가지는 테일러[56] 급수를 이용한 증명이고 다른 한 가지는 라이프니츠가 실제로 증명한 방법이다.

먼저 테일러 급수를 이용한 증명법을 보자.

증명 $\arctan x$의 테일러 급수는

$$\arctan x = x - \frac{x^3}{3} + \frac{x^5}{5} - \frac{x^7}{7} + \cdots$$

이다. 이것은 개구간 $]-1,1[$에서 성립한다. 현재 $x = \mp 1$에서는 어떤 일이 일어날 것인지에 대해서 그 무엇도 알 수 없다.

위의 공식이 폐구간 $[-1,1]$에서도 성립함을 증명해 보겠다.

---

55 Bonaventura Francesco Cavalieri. **Born:** 1598 in Milan, Duchy of Milan, Habsburg Empire (now Italy). **Died: 30 Nov 1647 in Bologna, Papal States (now Italy).**

56 Brook Taylor. **Born:** 18 Aug 1685 in Edmonton, Middlesex, England. **Died: 29 Dec 1731 in Somerset House, London, England.**

항등식

$$\frac{1}{1+t} = 1 - t + t^2 - t^3 + \cdots + (-1)^{n-1}t^{n-1} + \frac{(-1)^n t^n}{1+t}$$

에서 t를 t^2으로 바꾸면

$$\frac{1}{1+t^2} = 1 - t^2 + t^4 - t^6 + \cdots + (-1)^{n-1}t^{2n-2} + \frac{(-1)^n t^{2n}}{1+t^2}$$

이 된다.

양변을 적분하면

$$\arctan x = \int_0^x \frac{dt}{1+t^2} = x - \frac{x^3}{3} + \frac{x^5}{5} - \cdots + \frac{(-1)^{n-1}x^{2n-1}}{2n-1} + \int_0^x \frac{(-1)^n t^{2n}}{1+t^2}dt$$

이 된다.

그런데 폐구간 $[-1,1]$에서 아래의 부등식

$$\left|\int_0^x \frac{(-1)^n t^{2n}}{1+t^2}dt\right| = \left|\int_0^x \frac{t^{2n}}{1+t^2}dt\right| \le \left|\int_0^x t^{2n}dt\right| = \frac{|x|^{2n+1}}{2n+1} \le \frac{1}{2n+1}$$

이 성립한다.

그러므로 다음 식이 성립함을 알 수 있다.

$$\lim_{n\to\infty}\int_0^x \frac{(-1)^n t^{2n}}{1+t^2}dt = 0$$

결국 폐구간 $[-1,1]$에서 아래 식이 성립함을 유도할 수 있다.

$$\arctan x = x - \frac{x^3}{3} + \frac{x^5}{5} - \frac{x^7}{7} + \cdots$$

위의 식에 $x=1$을 대입하면

$$\frac{\pi}{4} = 1 - \frac{1}{3} + \frac{1}{5} - \frac{1}{7} + \frac{1}{9} - \frac{1}{11} + \cdots$$

이 얻어진다. ∎

이제 라이프니츠가 실제로 유도한 과정을 소개한다. 라이프니츠는 어떻게 공식

$$\frac{\pi}{4} = 1 - \frac{1}{3} + \frac{1}{5} - \frac{1}{7} + \frac{1}{9} - \frac{1}{11} + \cdots$$

을 발견했을까?

아래의 그림

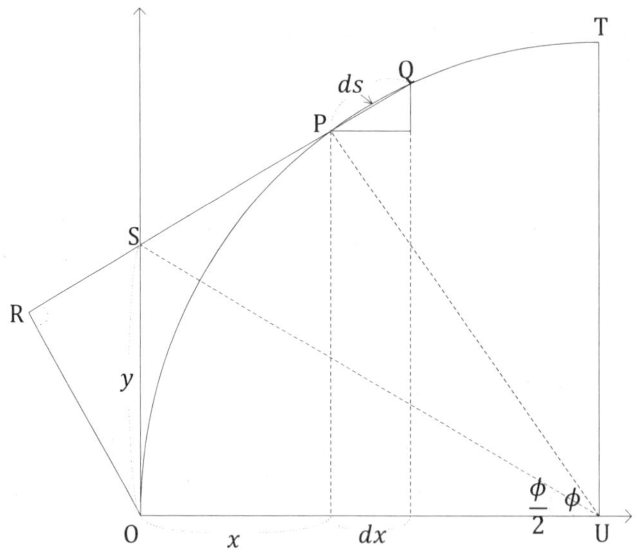

은 반지름의 길이가 1인 사분원이다. 여기에서 호 PQ는 매우 짧아서 선분 PQ과 길이가 거의 같다. 우리가 할 일은 사분원에서 직각이등변삼각형 OTU을 뺀 활꼴의 면적 A을 구하는 것이다.

서로 닮은 두 직각삼각형으로부터 아래 식이 성립한다.

$$\frac{ds}{dx} = \frac{\overline{\mathrm{OS}}}{\overline{\mathrm{OR}}}$$

위의 식으로부터 삼각형 OPQ의 면적은

$$dA = \frac{\overline{\mathrm{OR}} \times ds}{2} = \frac{\overline{\mathrm{OS}} \times dx}{2} = \frac{y}{2}dx$$

과 같이 된다.

그러므로 아래 식이 성립하게 된다.

$$A = \int_0^1 dA = \frac{1}{2}\int_0^1 ydx = \left[\frac{y}{2}x\right]_{x=0}^1 - \frac{1}{2}\int_0^1 xdy = \frac{1}{2} - \frac{1}{2}\int_0^1 xdy \qquad [3]$$

한편 그림을 보면 아래의 식들이 성립함을 알 수 있다.

$$\tan\frac{\phi}{2} = y, \quad x = 1 - \cos\phi = 2\sin^2\frac{\phi}{2}$$

위의 식들을

$$\sin^2\frac{\phi}{2} = \tan^2\frac{\phi}{2} \times \cos^2\frac{\phi}{2} = \frac{\tan^2\frac{\phi}{2}}{1 + \tan^2\frac{\phi}{2}}$$

에 대입하면

$$\frac{x}{2} = \frac{y^2}{1 + y^2}$$

이 얻어진다.

그런데 $y < 1$이므로

$$\frac{x}{2} = \frac{y^2}{1 + y^2} = y^2(1 - y^2 + y^4 - y^6 + \cdots)$$

과 같이 쓸 수 있다.

위의 식을 [3]에 적용하면

$$A = \frac{1}{2} - \int_0^1 [y^2 - y^4 + y^6 - y^8 + \cdots]dy = \frac{1}{2} - \left[\frac{y^3}{3} - \frac{y^5}{5} + \frac{y^7}{7} - \frac{y^9}{9} + \cdots\right]_{y=0}^1$$
$$= \frac{1}{2} - \left(\frac{1}{3} - \frac{1}{5} + \frac{1}{7} - \frac{1}{9} + \cdots\right)$$

을 얻는다.

삼각형 OPQ의 면적을 양변에 더하면

$$\frac{\pi}{4} = 1 - \left(\frac{1}{3} - \frac{1}{5} + \frac{1}{7} - \frac{1}{9} + \cdots\right)$$

이 최종적으로 얻어진다.

라이프니츠의 급수는 수렴속도가 매우 느리다. 어느 정도냐 하면, 10^{50}개의 항까지 부분합을 정확하게 계산하여도 원주율을 겨우 100자리 정도까지 올바로 구할 수 있을 뿐이다.

수학도깨비가 라이프니츠의 급수에서 항의 개수를 늘림에 따라 소수점 아래 몇째자리까지 맞는지 일일이 확인해 보았다. 그 결과 항을 무려 48개나 더해야 처음으로 소수점 아래 두 자리 정확도를 얻게 되었다.

라이프니츠는 계산기를 제작하기도 했다. 세무 관리로 근무하던 아버지가 많은 양의 계산 업무로 애쓰는 것을 안타깝게 생각하던 프랑스의 수학자·철학자 파스칼[57]은 아버지를 돕기 위해 톱니바퀴를 이용해서 덧셈과 뺄셈을 할 수 있는 기계식 계산기를 1642년에 발명했다. 그 후 수십 년이 지난 1671년에 라이프니츠는 파스칼의 계산기를 개량하여 곱셈과 나눗셈까지 할 수 있는 기계를 제작했다.

57 Blaise Pascal. Born: 19 June 1623 in Clermont (now Clermont-Ferrand), Auvergne, France. Died: 19 Aug 1662 in Paris, France.

14th 뉴턴[58] 공식

영국의 천재 물리학자·천문학자·수학자인 뉴턴도 원주율 자릿수 계산에 시간을 보냈었다고 말한다면, 독자들 중 상당수는 의아해 할 것이다. 뉴턴은 1656년에 출판된 왈리스[59]의 저서 *Arithmetica infinitorum*를 1665년에 읽었다고 한다. 뉴턴은 왈리스처럼 반원(semicircle)의 곡선 아래의 면적을 구함으로써 원주율을 계산하기로 하였다. 왈리스와는 다르게, 뉴턴은 효과적으로 계산할 수 있는 적분학과 확장된 이항정리를 알고 있었다.

뉴턴은 아래 그림

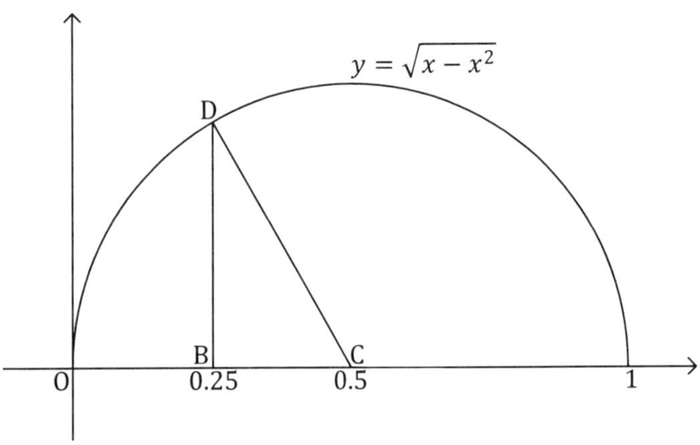

[58] Sir Isaac Newton. **Born:** 4 Jan 1643 in Woolsthorpe, Lincolnshire, England. **Died:** 31 March 1727 in London, England.

[59] John Wallis. **Born:** 23 Nov 1616 in Ashford, Kent, England. **Died:** 28 Oct 1703 in Oxford, England.

에 나타나 있는 것처럼 중심의 좌표가 (0.5,0)이고 반지름이 0.5인 반원으로부터 시작하였다. 우선 뉴턴은 폐곡선 ODBO 내부의 면적

$$\int_{0}^{0.25} \sqrt{x-x^2}dx \tag{4}$$

을 계산하려고 하였다. 그러나 이 적분을 수행하는 것은 쉽지가 않았다. 뉴턴은 이 식에서 피적분함수(integrand)인 $\sqrt{x-x^2}$를 다루는 방법을 찾아야만 하였다. 뉴턴은 그의 이항정리를 사용하여 이것을 할 수 있었다.

뉴턴의 시대 이전에, 파스칼[60]과 다른 사람들은 거듭제곱지수 c가 정수일 때 $(a+b)^c$의 이항전개를 다루는 방법을 개발했다. 그러나 그 방법은 파스칼의 삼각형이라 알려진 수들의 배열에 의존한다는 점에서 한계가 있었고, 분수나 陰(음)의 거듭제곱지수에 대해서는 적용이 되지 않았다.

뉴턴은 이전의 방법의 결점들을 제거한 새로운 이항정리를 개발했다. 뉴턴의 유명한 이항정리를 나타내는 한 가지 표현식은 다음과 같다.

$$(1+Q)^{\frac{m}{n}} = 1 + \frac{m}{n}Q + \frac{\frac{m}{n}\left(\frac{m}{n}-1\right)}{2}Q^2 + \frac{\frac{m}{n}\left(\frac{m}{n}-1\right)\left(\frac{m}{n}-2\right)}{3\cdot 2}Q^3 + \cdots$$

뉴턴은 위의 이항정리를 사용하여 [4]이 아래와 같이 된다고 계산했다.

$$\begin{aligned}
\int_{0}^{0.25} \sqrt{x-x^2}dx &= \int_{0}^{0.25} \sqrt{x}\sqrt{1-x}dx = \int_{0}^{0.25} \sqrt{x}\left(1-\frac{1}{2}x-\frac{1}{8}x^2-\frac{1}{16}x^3-\frac{5}{128}x^4-\cdots\right)dx \\
&= \int_{0}^{0.25} \left[x^{0.5}-\frac{1}{2}x^{1.5}-\frac{1}{8}x^{2.5}-\frac{1}{16}x^{3.5}-\frac{5}{128}x^{4.5}-\cdots\right]dx \\
&= \left[\frac{2}{3}x^{1.5}-\frac{1}{5}x^{2.5}-\frac{1}{28}x^{3.5}-\frac{1}{72}x^{4.5}-\frac{5}{704}x^{5.5}-\cdots\right]_{x=0}^{0.25} \\
&= \frac{2}{3\cdot 2^3}-\frac{1}{5\cdot 2^5}-\frac{1}{28\cdot 2^7}-\frac{1}{72\cdot 2^9}-\cdots
\end{aligned}$$

한편 그림에서 도형 OBD과 삼각형 BCD을 합하면 부채꼴 OCD가 되는데 이 부

---

60 Blaise Pascal. **Born:** 19 June 1623 in Clermont (now Clermont-Ferrand), Auvergne, France. **Died:** 19 Aug 1662 in Paris, France.

채꼴의 넓이는 $\frac{\pi}{24}$이고 삼각형 BCD의 넓이는 $\frac{\sqrt{3}}{32}$이므로

$$\frac{2}{3\cdot 2^3}-\frac{1}{5\cdot 2^5}-\frac{1}{28\cdot 2^7}-\frac{1}{72\cdot 2^9}-\cdots=\frac{\pi}{24}-\frac{\sqrt{3}}{32}$$

이 성립하게 된다.

위의 식으로부터

$$\frac{\pi}{24}=\frac{\sqrt{3}}{32}+\frac{2}{3\cdot 2^3}-\frac{1}{5\cdot 2^5}-\frac{1}{28\cdot 2^7}-\frac{1}{72\cdot 2^9}-\cdots$$

$$\therefore \pi=\frac{3\sqrt{3}}{4}+2-\frac{3}{20}-\frac{3}{448}-\frac{1}{1536}-\cdots$$

을 얻을 수 있다. 뉴턴은 20개의 항을 사용하여 원주율을 열여섯째자리까지 정확하게 계산하였다고 한다.

15th 뉴턴의 다른 공식

뉴턴은 원주율을 계산하는 다른 공식을 만들어내기도 했는데 이번에도 이항정리가 등장한다.

1676년에 뉴턴은

$$\arcsin\theta = \theta + \frac{1}{2}\cdot\frac{1}{3}\theta^3 + \frac{1\cdot 3}{2\cdot 4}\cdot\frac{1}{5}\theta^5 + \frac{1\cdot 3\cdot 5}{2\cdot 4\cdot 6}\cdot\frac{1}{7}\theta^7 + \cdots \qquad [5]$$

을 발표했다. 여기에서 $\arcsin\theta$는 $\sin\theta$의 역함수이다.

이항정리

$$(1+x)^n = 1 + nx + \frac{n(n-1)}{2!}x^2 + \frac{n(n-1)(n-2)}{3!}x^3 + \cdots$$

를 사용하여

$$\arcsin\theta = \int \frac{1}{\sqrt{1-\theta^2}}d\theta$$

의 우변을 전개하면 [5]을 얻을 수 있다.

[5]에서 $\theta = 0.5$이면

$$\frac{\pi}{6} = \frac{1}{2} + \frac{1}{2}\cdot\frac{1}{3}\left(\frac{1}{2}\right)^3 + \frac{1\cdot 3}{2\cdot 4}\cdot\frac{1}{5}\left(\frac{1}{2}\right)^5 + \frac{1\cdot 3\cdot 5}{2\cdot 4\cdot 6}\cdot\frac{1}{7}\left(\frac{1}{2}\right)^7 + \cdots$$

이 얻어진다. 이 공식은 수렴속도가 대단히 빠르다.

16th 마친[61] 공식

천문학 교수였던 마친의 초기 생애에 대해서는 알려진 바가 거의 없다. 다만 그는 수학자 테일러[62]와 편지 왕래를 했는데 이것으로 우리는 마친의 수학적 사고방식을 짐작할 수 있다. 마친은 그의 업적 중에서 최고라고 평가받고 있는 공식

$$\frac{\pi}{4} = 4\arctan\frac{1}{5} - \arctan\frac{1}{239}$$

을 1706년에 발견하였다.

위의 공식에서 239는 상당히 큰 숫자여서 수렴률도 빠르다. 마친은 손으로 100자리까지 계산하였다.

마친 공식을 어떻게 증명할 수 있을까 하고 생각해 보면 매우 막막하다. 하지만 증명을 이해하는 것은 의외로 간단하다.

증명 $\theta = \arctan\frac{1}{5}$이라고 하면, $\tan\theta = \frac{1}{5}$이고 우리는

$$\tan 2\theta = \frac{2\tan\theta}{1-\tan^2\theta} = \frac{2\cdot\frac{1}{5}}{1-\left(\frac{1}{5}\right)^2} = \frac{5}{12}$$

을 얻을 수 있다.

또한 위의 식으로부터

$$\tan 4\theta = \frac{2\tan 2\theta}{1-\tan^2 2\theta} = \frac{2\cdot\frac{5}{12}}{1-\left(\frac{5}{12}\right)^2} = \frac{120}{119}$$

---

61 John Machin. Born: 1680 in England. Died: 9 June 1751 in London, England.

62 Brook Taylor. Born: 18 Aug 1685 in Edmonton, Middlesex, England. Died: 29 Dec 1731 in Somerset House, London, England. 테일러는 마친에게 수학을 배우기도 했다.

을 얻을 수 있다.

계속해서 우리는

$$\tan\left[4\theta - \frac{\pi}{4}\right] = \frac{\tan 4\theta - \tan\frac{\pi}{4}}{1 + \tan 4\theta \cdot \tan\frac{\pi}{4}} = \frac{\frac{120}{119} - 1}{1 + \frac{120}{119}} = \frac{1}{239}$$

을 얻게 된다. 즉

$$4\theta - \frac{\pi}{4} = \arctan\frac{1}{239}$$

이 성립한다.

위의 식에 $\theta = \arctan\frac{1}{5}$을 대입하면

$$4\arctan\frac{1}{5} - \frac{\pi}{4} = \arctan\frac{1}{239}$$

이고, 이것을 정리하면 마친 공식이 얻어진다. ∎

그렇다면 마친 공식으로 원주율을 실제로 구하고자 할 때 마친 공식을 어떻게 적용하면 되는 것일까? 이것을 위해서 우선 아크탄젠트 함수의 테일러 급수

$$\arctan x = x - \frac{x^3}{3} + \frac{x^5}{5} - \frac{x^7}{7} + \frac{x^9}{9} - \frac{x^{11}}{11} + \cdots$$

를 상기하자. 우리는 결국 아래의 과정

$$\begin{aligned}\pi &= 16\arctan\frac{1}{5} - 4\arctan\frac{1}{239}\\ &= 16\left(\frac{1}{5} - \frac{\left(\frac{1}{5}\right)^3}{3} + \frac{\left(\frac{1}{5}\right)^5}{5} - \frac{\left(\frac{1}{5}\right)^7}{7} + \cdots\right)\\ &\quad - 4\left(\frac{1}{239} - \frac{\left(\frac{1}{239}\right)^3}{3} + \frac{\left(\frac{1}{239}\right)^5}{5} - \frac{\left(\frac{1}{239}\right)^7}{7} + \cdots\right)\\ &= \left(\frac{16}{5} - \frac{4}{239}\right) - \frac{1}{3}\left(\frac{16}{5^3} - \frac{4}{239^3}\right) + \frac{1}{5}\left(\frac{16}{5^5} - \frac{4}{239^5}\right) - \frac{1}{7}\left(\frac{16}{5^7} - \frac{4}{239^7}\right) + \cdots\end{aligned}$$

을 거쳐서 얻을 수 있는 다음 식으로 원주율의 자릿수를 계산하면 된다.

$$\pi = \left(\frac{16}{5} - \frac{4}{239}\right) - \frac{1}{3}\left(\frac{16}{5^3} - \frac{4}{239^3}\right) + \frac{1}{5}\left(\frac{16}{5^5} - \frac{4}{239^5}\right) - \frac{1}{7}\left(\frac{16}{5^7} - \frac{4}{239^7}\right) + \cdots$$

이미 언급했듯, 마친과 테일러는 수학적 질문에 관해 서신을 주고 받았다. 오늘날 우리가 테일러 정리라고 부르는 것에 대해 테일러는 1712년 7월 26일에 마친에게 편지를 썼다. 그 편지에서 테일러는 마친의 생각에서 자신이 아이디어를 얻었다고 썼다.

1713년 5월 16일에 마친은 천문학 교수로 임명되었다.

몇 백 년이 지난 뒤 에니악(ENIAC)으로 원주율을 구할 때 마친 공식이 사용되었을 정도로 이 공식은 현대적 관점에서 보아도 상당히 좋은 공식이다.

17th 오일러[63] 공식

원주율을 나타내는 기호로 π를 처음 쓴 사람은 존스[64]이지만 스위스의 수학자 오일러가 사용하면서 널리 퍼졌다. 오일러는 둘레를 뜻하는 그리스어 πρτψτετα의 첫 글자 π를 원주율로 나타내었다. 우리가 함수를 흔히 $f(x)$라고 표기하는데 이 기호 역시 오일러가 창안했다고 한다.

마친이 남긴 공식과 비슷한 유형의 공식들 중에서 오일러가 남긴 공식에 대하여 공부하여 보자.

오일러는 1738년에 공식

$$\frac{\pi}{4} = \arctan\frac{1}{2} + \arctan\frac{1}{3}$$

을 저술하였다.

아래의 그림

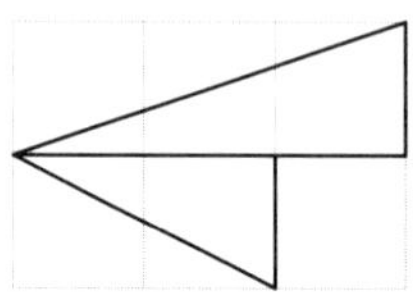

을 이용하여 위의 식을 쉽게 증명해 보자. 점선으로 된 사각형들은 모두 정사각

63 Leonhard Euler. **Born:** 15 April 1707 in Basel, Switzerland. **Died:** 18 Sept 1783 in St Petersburg, Russia.

64 William Jones. **Born:** 1675 in Llanfihangel Tre'r Beirdd, Anglesey, Wales. **Died:** 1 July 1749 in London, England. 존스는 무한대를 나타내는 기호 ∞를 처음으로 도입하기도 했다. 1655년에 자신의 책에서 무한대 기호를 처음으로 사용했는데, 이 기초가 보편적으로 널리 사용된 것은 18세기 초의 일이다.

형이다.

증명 우선 아래 그림처럼 점 A, B, C, D, E을 할당한다.

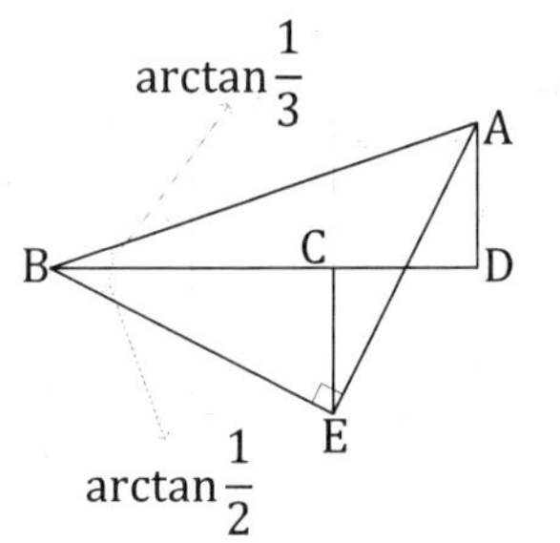

삼각형 EBC에서 $\tan \angle \mathrm{EBC} = \frac{1}{2}$이다.

그리고 삼각형 ABD에서 $\tan \angle \mathrm{ABD} = \frac{1}{3}$이다.

따라서 $\arctan\frac{1}{2} + \arctan\frac{1}{3} = \angle \mathrm{ABE}$이다.

그런데 삼각형 ABE가 직각이등변삼각형이므로, $\angle \mathrm{ABE} = 45°$이다. ∎

보다 일반적인 상황에서 오일러 공식을 증명할 수도 있다.

증명 $\tan\alpha = A$이고 $\tan\beta = B$이라고 하면,

$$\tan[\alpha + \beta] = \frac{\tan\alpha + \tan\beta}{1 - \tan\alpha \cdot \tan\beta}$$

을

$$\arctan\frac{A + B}{1 - AB} = \arctan A + \arctan B$$

으로 쓸 수 있다.

$A = \frac{1}{p+q}$이고 $B = \frac{q}{p^2+pq+1}$이라고 하면

$$\arctan\frac{\frac{1}{p+q}+\frac{q}{p^2+pq+1}}{1-\frac{1}{p+q}\cdot\frac{q}{p^2+pq+1}}=\arctan\frac{p^2+pq+1+q(p+q)}{(p+q)(p^2+pq+1)-q}$$
$$=\arctan\frac{p^2+pq+1+pq+q^2}{p^3+p^2q+p+qp^2+pq^2+q-q}$$
$$=\arctan\frac{p^2+2pq+1+q^2}{p^3+2p^2q+p+pq^2}=\arctan\frac{p^2+2pq+1+q^2}{p(p^2+2pq+1+q^2)}$$
$$=\arctan\frac{1}{p},$$
$$\therefore \arctan\frac{1}{p}=\arctan\frac{1}{p+q}+\arctan\frac{q}{p^2+pq+1}$$

이 성립한다.

$p=q=1$이면

$$\arctan 1=\arctan\frac{1}{2}+\arctan\frac{1}{3},$$
$$\therefore \frac{\pi}{4}=\arctan\frac{1}{2}+\arctan\frac{1}{3}$$

이 얻어진다. ▮

18th 피보나치[65] 수열

이쯤되면 피보나치 수열이 원주율과 어떻게 관련되는지 이야기할 때다. 우선 피보나치 수열이 뭔지 알아보자.

피보나치는 집에서 기르던 토끼가 새끼를 번식하는 과정을 보면서 다음과 같은 문제에 관심을 갖게 됐다. 갓 태어난 암수 한 쌍의 토끼가 있다. 이 토끼는 태어나서 2개월이 지나면 성장해서 어미가 되고, 그 후 매월 암수 한 쌍씩의 새끼를 낳는다. 마찬가지로 이 새끼 토끼도 2개월이 되면 어미가 되어 매월 암수 한 쌍씩의 새끼를 낳는다. 이렇게 토끼의 수가 증가하면 1년 후에는 모두 몇 쌍의 토끼가 될까? 단, 1년 동안 죽은 토끼는 없다고 가정한다.

처음에 한 쌍의 암수 토끼가 태어난 때부터 시작하여 5개월 후까지의 상황을 나타내어 보면 아래 그림과 같다.

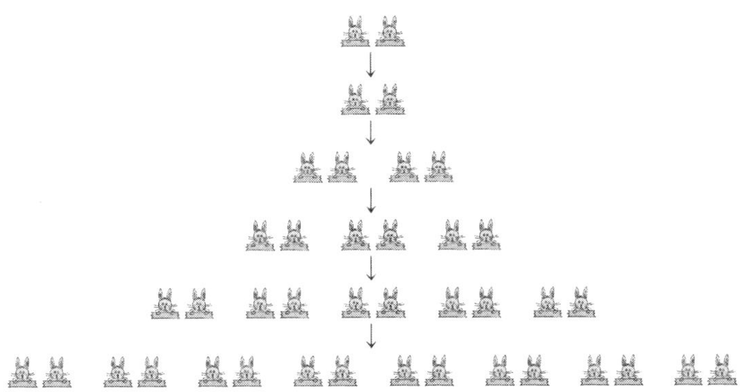

조금만 잘 생각하여 보면, $n-1$개월 후의 토끼의 쌍의 수를 a_n이라고 할 때 다음 식이 성립함을 알 수 있다.

$$a_1 = a_2 = 1, \quad a_n = a_{n-1} = a_{n-2} \quad (n \geq 3)$$

이것은 자연수들의 집합을 정의역으로 갖는 함수이므로 수열인데 일반항 사이에

[65] Leonardo Pisano Fibonacci. Born: 1170 in (probably) Pisa (now in Italy). Died: 1250 in (possibly) Pisa (now in Italy).

이와 같은 관계식이 성립하는 수열을 피보나치 수열이라고 한다.

위에서 설명한 피보나치 수열이 원주율과 어떻게 연결이 되는 것일까? 피보나치 수열이 아크탄젠트 함수와 결합하면 된다.

우리는 그레고리[66]-라이프니츠[67] 공식

$$\frac{\pi}{4} = \arctan\frac{1}{1}$$

과 오일러[68] 공식

$$\frac{\pi}{4} = \arctan\frac{1}{2} + \arctan\frac{1}{3}$$

을 공부했다.

그런데

$$\arctan\frac{1}{3} = \arctan\frac{1}{5} + \arctan\frac{1}{8}$$

이 성립한다.

위의 두 식을 결합하면 우리는

$$\frac{\pi}{4} = \arctan\frac{1}{2} + \arctan\frac{1}{5} + \arctan\frac{1}{8}$$

을 얻게 된다.

그런데

$$\arctan\frac{1}{8} = \arctan\frac{1}{13} + \arctan\frac{1}{21}$$

이 성립한다.

위의 두 식을 결합하면 우리는

---

66 James Gregory. **Born:** Nov 1638 in Drumoak (near Aberdeen), Scotland. **Died:** Oct 1675 in Edinburgh, Scotland.

67 Gottfried Wilhelm von Leibniz. **Born:** 1 July 1646 in Leipzig, Saxony (now Germany). **Died:** 14 Nov 1716 in Hannover, Hanover (now Germany).

68 Leonhard Euler. **Born:** 15 April 1707 in Basel, Switzerland. **Died:** 18 Sept 1783 in St Petersburg, Russia.

$$\frac{\pi}{4} = \arctan\frac{1}{2} + \arctan\frac{1}{5} + \arctan\frac{1}{13} + \arctan\frac{1}{21}$$

을 얻게 된다.

그런데

$$\arctan\frac{1}{21} = \arctan\frac{1}{34} + \arctan\frac{1}{55}$$

이 성립한다.

위의 두 식을 결합하면 우리는

$$\frac{\pi}{4} = \arctan\frac{1}{2} + \arctan\frac{1}{5} + \arctan\frac{1}{13} + \arctan\frac{1}{34} + \arctan\frac{1}{55}$$

을 얻게 된다.

일단 여기까지만 하고 위의 몇 가지 결과들을 하나의 식으로 표현해 보자.

$$\begin{aligned}\frac{\pi}{4} = \arctan\frac{1}{1} &= \arctan\frac{1}{2} + \arctan\frac{1}{3} = \arctan\frac{1}{2} + \arctan\frac{1}{5} + \arctan\frac{1}{8} \\ &= \arctan\frac{1}{2} + \arctan\frac{1}{5} + \arctan\frac{1}{13} + \arctan\frac{1}{21} \\ &= \arctan\frac{1}{2} + \arctan\frac{1}{5} + \arctan\frac{1}{13} + \arctan\frac{1}{34} + \arctan\frac{1}{55}\end{aligned}$$

독자는 여기에서 피보나치 수열을 찾을 수 있을 것이다. 단지 몇 개의 보기만 언급했지만, 사실 우리는 위와 같은 방식으로 식을 무한히 계속 만들어나갈 수 있다.

우리는 피보나치 수열을 식물에서 찾아볼 수 있다. 화이트칼라 백합의 꽃잎 수는 1장, 등대풀은 2장, 연령초는 3장, 채송화와 딸기꽃은 5장, 코스모스와 모란은 8장, 금잔화와 금불초는 13장, 치커리는 21장, 질경이와 데이지는 34장, 쑥부쟁이는 55장 또는 89장이다. 대다수 꽃의 꽃잎 수는 $1, 2, 3, 5, 8, 13, 21, 34, 55, 89$ 중 하나에 포함된다.

소나무 주변에 떨어져 있는 솔방울 씨앗은 독특한 방식으로 배열을 이룬다. 꼭지를 향해 말려들어가는 두 가지 방향의 나선 모양 씨앗을 보는 방향에 따라 시계 반대방향과 시계방향으로 각각 세어보면 8개와 13개다.

해바라기의 씨앗 역시 두 가지 방향으로 나선을 형성하고 있다. 시계방향으로는 21개의 나선을, 반시계방향으로는 34개의 나선을 관찰할 수 있다.

19th 오일러의 다른 공식

오랫동안 수학자들을 괴롭혔던 문제 중의 하나가

$$1^{-2} + 2^{-2} + 3^{-2} + 4^{-2} + \cdots = 1 + \frac{1}{2^2} + \frac{1}{3^2} + \frac{1}{4^2} + \cdots$$

과 같이 음의 정수의 거듭제곱 급수에 대한 것이었다. 형제지간인 야콥 베르누이[69]와 요한 베르누이[70]는 이 급수가 수렴한다는 것을 알고 있었다.

위의 급수에 대하여 아래의 부등식을 세울 수 있다.

$$\sum_{n=1}^{N} \frac{1}{n^2} = 1 + \sum_{n=2}^{N} \frac{1}{n^2} < 1 + \sum_{n=2}^{N} \frac{1}{n(n-1)} = 1 + \sum_{n=2}^{N} \left[\frac{1}{n-1} - \frac{1}{n}\right]$$

그런데 마지막 식은 아래의 식과 같이 간단히 줄여진다.

$$1 + \left(1 - \frac{1}{2}\right) + \left(\frac{1}{2} - \frac{1}{3}\right) + \left(\frac{1}{3} - \frac{1}{4}\right) + \cdots + \left(\frac{1}{N-2} - \frac{1}{N-1}\right) + \left(\frac{1}{N-1} - \frac{1}{N}\right) = 2 - \frac{1}{N}$$

그러므로 아래의 부등식이 성립한다.

$$\sum_{n=1}^{N} \frac{1}{n^2} < 2 - \frac{1}{N}$$

즉 위에서 좌변의 급수는 2보다는 작은 어떤 값에 수렴한다. 그 값은 무엇일까? 주의할 사항은 위의 부등식에 $n \to \infty$인 극한을 취하여

$$\sum_{n=1}^{\infty} \frac{1}{n^2} = 2$$

으로 결론내리면 안된다는 것이다.

---

69 Jacob (Jacques) Bernoulli. **Born:** 27 Dec 1654 in Basel, Switzerland. **Died:** 16 Aug 1705 in Basel, Switzerland.

70 Johann Bernoulli. **Born:** 27 July 1667 in Basel, Switzerland. **Died:** 1 Jan 1748 in Basel, Switzerland.

베르누이 형제는 급수

$$1^{-2}+2^{-2}+3^{-2}+4^{-2}+\cdots=1+\frac{1}{2^2}+\frac{1}{3^2}+\frac{1}{4^2}+\cdots$$

가 2보다 작은 어떤 값에 수렴한다는 사실을 알았지만, 정확한 값을 구하지는 못했다. 이 문제를 해결한 사람은 천재 수학자 오일러[71]이다.

$\frac{\sin x}{x}$의 거듭제곱 급수전개(power series expansion)

$$\frac{\sin x}{x}=1-\frac{x^2}{3!}+\frac{x^4}{5!}-\frac{x^6}{7!}+\cdots \tag{6}$$

를 생각하여 보자.

방정식

$$\frac{\sin x}{x}=0$$

의 根(근)은 $\{\pm\pi, \pm 2\pi, \pm 3\pi, \cdots\}$이므로

$$\begin{aligned}\frac{\sin x}{x}&=\left(1-\frac{x}{\pi}\right)\left(1+\frac{x}{\pi}\right)\left(1-\frac{x}{2\pi}\right)\left(1+\frac{x}{2\pi}\right)\left(1-\frac{x}{3\pi}\right)\left(1+\frac{x}{3\pi}\right)\cdots\\&=\left(1-\frac{x^2}{\pi^2}\right)\left(1-\frac{x^2}{2^2\pi^2}\right)\left(1-\frac{x^2}{3^2\pi^2}\right)\left(1-\frac{x^2}{4^2\pi^2}\right)\cdots\end{aligned} \tag{7}$$

과 같이 쓸 수 있다.

[6]과 위의 식에서 x^2의 계수를 생각하면

$$-\frac{1}{6}=-\left(\frac{1}{\pi^2}+\frac{1}{2^2\pi^2}+\frac{1}{3^2\pi^2}+\frac{1}{4^2\pi^2}+\cdots\right)$$

이 성립한다. 즉

$$\frac{\pi^2}{6}=1+\frac{1}{2^2}+\frac{1}{3^2}+\frac{1}{4^2}+\frac{1}{5^2}+\cdots \tag{8}$$

을 얻을 수 있다. 오일러가 이 결과를 증명한 것은 1735년이었다.

---

71 오일러는 요한 베르누이 밑에서 공부하기도 했다.

눈치 빠른 독자라면 x^4의 계수를 비교해 볼 생각을 하였을 것이다. 그럼 한 번 계산해 보도록 하자. 어떤 결과가 얻어질지 필자도 궁금(?)하다.

[6]과 [7]에서 x^4의 계수를 생각하면 아래의 식을 얻을 수 있다.

$$\begin{aligned}\frac{\pi^4}{120} &= \frac{1}{1^2\cdot 2^2}+\frac{1}{1^2\cdot 3^2}+\frac{1}{1^2\cdot 4^2}+\frac{1}{1^2\cdot 5^2}+\cdots+\frac{1}{2^2\cdot 3^2}+\frac{1}{2^2\cdot 4^2}+\frac{1}{2^2\cdot 5^2}\\ &\quad+\cdots+\frac{1}{3^2\cdot 4^2}+\frac{1}{3^2\cdot 5^2}+\frac{1}{3^2\cdot 6^2}+\frac{1}{3^2\cdot 7^2}+\cdots+\frac{1}{4^2\cdot 5^2}\\ &\quad+\frac{1}{4^2\cdot 6^2}+\frac{1}{4^2\cdot 7^2}+\cdots=\sum_{i=1}^{\infty}\sum_{j=i+1}^{\infty}\frac{1}{i^2j^2}\end{aligned} \qquad [9]$$

[8]의 양변을 제곱하면 아래의 식이 얻어진다.

$$\begin{aligned}\frac{\pi^4}{36} &= \left(1+\frac{1}{2^2}+\frac{1}{3^2}+\frac{1}{4^2}+\frac{1}{5^2}+\cdots\right)\times\left(1+\frac{1}{2^2}+\frac{1}{3^2}+\frac{1}{4^2}+\frac{1}{5^2}+\cdots\right)\\ &= 1+\frac{1}{2^2}+\frac{1}{3^2}+\frac{1}{4^2}+\frac{1}{5^2}+\cdots+\frac{1}{2^2}+\frac{1}{2^2\cdot 2^2}+\frac{1}{2^2\cdot 3^2}+\frac{1}{2^2\cdot 4^2}+\cdots+\frac{1}{3^2}\\ &\quad+\frac{1}{3^2\cdot 2^2}+\frac{1}{3^2\cdot 3^2}+\frac{1}{3^2\cdot 4^2}+\cdots+\frac{1}{4^2}+\frac{1}{4^2\cdot 2^2}+\frac{1}{4^2\cdot 3^2}+\frac{1}{4^2\cdot 4^2}+\cdots\\ &= 2\left(\frac{1}{1^2\cdot 2^2}+\frac{1}{1^2\cdot 3^2}+\frac{1}{1^2\cdot 4^2}+\frac{1}{1^2\cdot 5^2}+\cdots+\frac{1}{2^2\cdot 3^2}+\frac{1}{2^2\cdot 4^2}+\frac{1}{2^2\cdot 5^2}\right.\\ &\quad+\cdots+\frac{1}{3^2\cdot 4^2}+\frac{1}{3^2\cdot 5^2}+\frac{1}{3^2\cdot 6^2}+\frac{1}{3^2\cdot 7^2}+\cdots+\frac{1}{4^2\cdot 5^2}+\frac{1}{4^2\cdot 6^2}\\ &\quad\left.+\frac{1}{4^2\cdot 7^2}+\cdots\right)+\left(1+\frac{1}{2^2\cdot 2^2}+\frac{1}{3^2\cdot 3^2}+\frac{1}{4^2\cdot 4^2}+\frac{1}{5^2\cdot 5^2}+\cdots\right)\end{aligned}$$

[9]에 의하여 위의 식은 아래의 식이 된다.

$$\frac{\pi^4}{36}=2\cdot\frac{\pi^4}{120}+\sum_{k=1}^{\infty}\frac{1}{k^4}=\frac{\pi^4}{60}+\sum_{k=1}^{\infty}\frac{1}{k^4}$$

그러므로 최종적으로 우리는 아래 식을 얻을 수 있다.

$$\sum_{k=1}^{\infty}\frac{1}{k^4}=\frac{\pi^4}{36}-\frac{\pi^4}{60}=\frac{\pi^4}{90}$$

참고로 위와 같은 방식으로 계속 계산해 나가면 다음의 결과들을 얻을 수 있다.

$$\frac{\pi^6}{945}=1+\frac{1}{2^6}+\frac{1}{3^6}+\frac{1}{4^6}+\frac{1}{5^6}+\cdots,$$

$$\frac{\pi^8}{9450} = 1 + \frac{1}{2^8} + \frac{1}{3^8} + \frac{1}{4^8} + \frac{1}{5^8} + \cdots,$$

$$\frac{\pi^{10}}{93555} = 1 + \frac{1}{2^{10}} + \frac{1}{3^{10}} + \frac{1}{4^{10}} + \frac{1}{5^{10}} + \cdots,$$

$$\frac{691\pi^{12}}{638512875} = 1 + \frac{1}{2^{12}} + \frac{1}{3^{12}} + \frac{1}{4^{12}} + \frac{1}{5^{12}} + \cdots,$$

$$\frac{2\pi^{14}}{18243225} = 1 + \frac{1}{2^{14}} + \frac{1}{3^{14}} + \frac{1}{4^{14}} + \frac{1}{5^{14}} + \cdots,$$

$$\frac{3617\pi^{16}}{325641566250} = 1 + \frac{1}{2^{16}} + \frac{1}{3^{16}} + \frac{1}{4^{16}} + \frac{1}{5^{16}} + \cdots,$$

$$\cdots$$

20th 가우스[72] 공식

모든 수학에 정통한 최후의 만능 수학자라고 불리는 독일의 가우스는 한 때 원주율 연구에 열중하여 공식

$$\frac{\pi}{4} = 12\arctan\frac{1}{18} + 8\arctan\frac{1}{57} - 5\arctan\frac{1}{239}$$

을 남겼다.

공식을 보면 마친 공식과 비슷한 유형이라는 것을 알 수 있다. 실제로 가우스 공식을 '마친 공식 유형의 공식'이라고 부른다. 또한 위의 공식을 증명할 때 마친 공식을 이용한다.

그럼 가우스 공식을 증명해 보자. 마친 공식처럼 금방 증명이 되는 것은 아니지만, 그렇다고 이해하기에 그렇게 어려운 것도 아니다.

증명 항등식

$$\tan[\alpha + \beta] = \frac{\tan\alpha + \tan\beta}{1 - \tan\alpha \cdot \tan\beta}$$

으로부터

$$\arctan\alpha + \arctan\beta = \arctan\frac{\alpha + \beta}{1 - \alpha\beta} \qquad [10]$$

을 얻을 수 있다.

위 식에서 $\alpha = \frac{1}{18}$이고 $\beta = \frac{1}{57}$이면

$$\arctan\frac{1}{18} + \arctan\frac{1}{57} = \arctan\frac{\frac{1}{18} + \frac{1}{57}}{1 - \frac{1}{18} \cdot \frac{1}{57}} = \arctan\frac{3}{41}$$

72 Johann Carl Friedrich Gauss. **Born:** 30 April 1777 in Brunswick, Duchy of Brunswick (now Germany). **Died:** 23 Feb 1855 in Göttingen, Hanover (now Germany).

이다.

위 식의 양변에 2를 곱하면

$$2\arctan\frac{1}{18}+2\arctan\frac{1}{57}=2\arctan\frac{3}{41} \qquad [11]$$

이다.

한편 [10]에서 $\alpha=\beta=\theta$이면

$$2\arctan\theta=\arctan\frac{2\theta}{1-\theta^2}$$

이다.

위 식에서 $\theta=\frac{3}{41}$이면

$$2\arctan\frac{3}{41}=\arctan\frac{2\cdot\frac{3}{41}}{1-\left(\frac{3}{41}\right)^2}=\arctan\frac{123}{836}$$

이다.

[11]과 위의 식으로부터

$$2\arctan\frac{1}{18}+2\arctan\frac{1}{57}=\arctan\frac{123}{836} \qquad [12]$$

이다.

한편 [10]에서 $\alpha=\frac{1}{18}$이고 $\beta=-\frac{1}{239}$이면

$$\arctan\frac{1}{18}+\arctan\left[-\frac{1}{239}\right]=\arctan\frac{\frac{1}{18}-\frac{1}{239}}{1+\frac{1}{18}\cdot\frac{1}{239}}=\arctan\frac{17}{331} \qquad [13]$$

이다.

또한 [10]에서 $\alpha=\frac{123}{836}$이고 $\beta=\frac{17}{331}$이면

$$\arctan\frac{123}{836}+\arctan\frac{17}{331}=\arctan\frac{\frac{123}{836}+\frac{17}{331}}{1-\frac{123}{836}\cdot\frac{17}{331}}=\arctan\frac{1}{5}$$

이다.

위 식을 마친 공식

$$\frac{\pi}{4}=4\arctan\frac{1}{5}-\arctan\frac{1}{239}$$

에 대입하면

$$\frac{\pi}{4}=4\arctan\frac{123}{836}+4\arctan\frac{17}{331}-\arctan\frac{1}{239} \qquad [14]$$

을 얻는다.

위 식의 우변의 첫째항에 [12]을 대입하면

$$4\arctan\frac{123}{836}=8\arctan\frac{1}{18}+8\arctan\frac{1}{57} \qquad [15]$$

이다.

[13]을 [14]의 우변의 둘째항에 대입하면

$$4\arctan\frac{17}{331}=4\arctan\frac{1}{18}+4\arctan\left[-\frac{1}{239}\right]$$

이다.

[15]과 위의 식을 [14]에 대입한 뒤 정리하면, 가우스 공식

$$\begin{aligned}\frac{\pi}{4}&=8\arctan\frac{1}{18}+8\arctan\frac{1}{57}+4\arctan\frac{1}{18}-4\arctan\frac{1}{239}-\arctan\frac{1}{239}\\&=12\arctan\frac{1}{18}+8\arctan\frac{1}{57}-5\arctan\frac{1}{239}\end{aligned}$$

을 얻을 수 있다. ∎

마친 공식을 공부했을 때를 기억해 보자. 그때 그랬던 것처럼 원주율을 실제로 계산하려면 위의 가우스 공식을 다음과 같은 형태로 써야 한다.

$$
\begin{aligned}
\pi &= 48\arctan\frac{1}{18} + 32\arctan\frac{1}{57} - 20\arctan\frac{1}{239} \\
&= 48\left(\frac{1}{18} - \frac{\left(\frac{1}{18}\right)^3}{3} + \frac{\left(\frac{1}{18}\right)^5}{5} - \frac{\left(\frac{1}{18}\right)^7}{7} + \cdots\right) \\
&+ 32\left(\frac{1}{57} - \frac{\left(\frac{1}{57}\right)^3}{3} + \frac{\left(\frac{1}{57}\right)^5}{5} - \frac{\left(\frac{1}{57}\right)^7}{7} + \cdots\right) \\
&- 20\left(\frac{1}{239} - \frac{\left(\frac{1}{239}\right)^3}{3} + \frac{\left(\frac{1}{239}\right)^5}{5} - \frac{\left(\frac{1}{239}\right)^7}{7} + \cdots\right) \\
&= \left(\frac{48}{18} + \frac{32}{57} - \frac{20}{239}\right) - \frac{1}{3}\left(\frac{48}{18^3} + \frac{32}{57^3} - \frac{20}{239^3}\right) + \frac{1}{5}\left(\frac{48}{18^5} + \frac{32}{57^5} - \frac{20}{239^5}\right) \\
&- \frac{1}{7}\left(\frac{48}{18^7} + \frac{32}{57^7} - \frac{20}{239^7}\right) + \cdots
\end{aligned}
$$

수학의 황제답게 가우스는 원주율 계산 분야에도 공헌했다. 하지만 위의 공식에 대해서 평한다면, 획기적이라고 말할 수는 없을 것이다. 마친 공식을 좀더 깊게 탐구한 정도라고 하면 될 것 같다.

가우스 공식을 이용하여 100,000개의 숫자들을 얻으려면 대략 105,000 정밀도 연산을 해야 한다.

21st 라마누잔[73] 공식

혹시 영화배우 맷 데이먼이 윌 헌팅 역을 맡은 영화 GOOD WILL HUNTING을 봤는가? 영화를 보면 윌의 천재성을 라마누잔에 비유하는 장면이 있다. 라마누잔은 인도 역사상 최고의 천재였으나, 행복하지는 못했다. 라마누잔의 천재성을 간파해 낸 수학자 하디[74]는 자신이 25점의 수학자이면, 힐베르트[75]는 80점이고 라마누잔은 100점이라고 했다.

하디는 영국의 수학자인데 고등학교 생물 교과서에 등장한다. 생물 교과서에서 하디란 이름을 본 기억이 나는가? 그렇다. 생물 교과서 뒷부분쯤에 등장하는 하디-바인베르크 법칙에서 하디가 바로 그 하디이다. 하디-바인베르크 법칙이 나오게 된 이야기를 하자면 다음과 같다.

잘 알다시피 멘델은 완두콩을 교배하는 실험을 통해 유전과 관련하여 3가지 법

---

73 Srinivasa Aiyangar Ramanujan. **Born:** 22 Dec 1887 in Erode, Tamil Nadu state, India. **Died:** 26 April 1920 in Kumbakonam, Tamil Nadu state, India.

74 Godfrey Harold Hardy. **Born:** 7 Feb 1877 in Cranleigh, Surrey, England. **Died:** 1 Dec 1947 in Cambridge, Cambridgeshire, England.

75 David Hilbert. **Born:** 23 Jan 1862 in Königsberg, Prussia (now Kaliningrad, Russia). **Died:** 14 Feb 1943 in Göttingen, Germany.

칙을 주창했다. 우열의 법칙, 분리의 법칙, 독립의 법칙!

순종의 완두끼리 교배할 때 잡종에서도 여전히 발현되는 형질을 우성이라 하고 잡종에서 발현되지 않는 형질을 열성이라고 한다. 멘델은 우성을 A으로, 열성을 a으로 표시했다. 그러면 우성인 순종은 AA, 열성인 순종은 aa이 된다. 이런 표기법을 따른다면 AA과 aa을 교배할 때 나타나는 잡종을 Aa으로 표시할 수 있다. 그런데 Aa에서는 우성형질만 겉으로 드러난다.

이제 Aa과 Aa을 교배한다. 그 결과 AA, Aa, aa이 발생한다. 그런데 이 세 가지의 빈도수가 일정한 비율인 AA: Aa: aa = 1: 2: 1으로 나타난다. 즉 우성형질과 열성형질이 3: 1의 비율로 나타나는 것이다. 유전학자인 푸네트[76]는 이것을 아래의 표로 나타냈다.

		♀	
		A	a
♂	A	AA(우성)	Aa(우성)
	a	Aa(우성)	aa(열성)

율[77]은 푸네트에게 의문을 제기했다. 손가락이 짧게 태어나는 유전성 질환인 短指症(단지증)을 일으키는 유전자는 정상 유전자에 비해 우성이다. 그렇다면 분리의 법칙에 따라 세월이 흐를수록 손가락이 짧은 사람과 정상인의 비율이 3: 1이 되어야 할 텐데 실제로는 그렇지 않다는 것이다.

율의 질문에 만족스러운 대답을 하지 못한 푸네트는 수학자인 하디[78]에게 도움을 요청했다. 율의 질문을 들은 하디는 대립유전자 A와 a에 의해 형질이 지배된다는 가정을 했다. 그런 후에 간단한 확률이론을 이용하여 유전자의 빈도수 비율이 변하지 않음을 보여주었다. 유전자의 빈도수 비율이 변하지 않는다는 것을 하디는 어떻게 증명했을까?

처음에 우성인 유전자 A의 비율을 p이라 하고 열성인 유전자 a의 비율을 q이

---

76 1875~1967

77 1871~1951

78 1877~1947

라고 하면, $p+q=1$이 성립한다. A와 a가 무작위로 교배된다고 하자. 그러면 유전자형 AA의 비율은 p^2이 되고, 유전자형 Aa의 비율은 $pq+pq=2pq$이 되며, 유전자형 aa의 비율은 q^2 이 된다. 이 상황에서 A와 a의 비율을 구해 보자. $p+q=1$이므로, A의 비율은

$$1\times p^2+\frac{1}{2}\times 2pq+0\times q^2=p(p+q)=p$$

이 된다. 또한 a의 비율은

$$0\times p^2+\frac{1}{2}\times 2pq+1\times q^2=q(p+q)=q$$

이 된다. 즉 우성인 유전자와 열성인 유전자의 빈도수 비율에는 변화가 없다.

라마누잔은 매우 복잡한 무합급수의 형태로 원주율 공식을 만들어냈다. 여섯 개의 상수들 $k_1=545140134$, $k_2=13591409$, $k_3=640320$, $k_4=100100025$, $k_5=327843840$, $k_6=53360$과 무한급수

$$S=\sum_{n=0}^{\infty}(-1)^n\frac{(6n)!\,(k_2+nk_1)}{(n!)^3(3n)!\,(8k_4k_5)^n}$$

를 정의한다. 그러면 원주율은

$$\pi=\frac{k_6\sqrt{k_3}}{S}=\frac{k_6\sqrt{k_3}}{\sum_{n=0}^{\infty}(-1)^n\frac{(6n)!\,(k_2+nk_1)}{(n!)^3(3n)!\,(8k_4k_5)^n}}$$

으로 표현된다. 보기만 해도 머리가 아플 지경이다. 식 자체가 너무 복잡하므로 더 이상 언급하지 않을 것이다.

22nd 라마누잔의 다른 알고리즘

이번에는 라마누잔의 다른 알고리즘을 알아보자.

초기값으로 $a_0 = \sqrt{2} - 1$과 $y_0 = \sqrt{\sqrt{2} - 1}$을 정의한다.

그 다음에

$$y_{n+1} = \frac{1 - \sqrt[4]{1 - {y_n}^4}}{1 + \sqrt[4]{1 - {y_n}^4}}, \quad a_{n+1} = a_n(1 + y_{n+1})^4 - 4^{n+1} y_{n+1} \sqrt{2}(1 + y_{n+1} + {y_{n+1}}^2)$$

을 반복한다.

그러면 원주율은

$$\pi = \lim_{n \to \infty} \frac{1}{a_n}$$

으로 표현된다.

라마누잔과 하디 사이에 전해져 내려오는 일화들 중에 수에 대한 라마누잔의 뛰어난 감각을 알 수 있는 다음과 같은 일화가 있다. 라마누잔이 병석에 있을 때 문병을 간 하디는 자신이 타고 온 택시 번호 1729가 별 특징 없는 수라고 말했다. 그런데 라마누잔은 "그렇지 않습니다. 1729는 특별한 수입니다. 1729는 9와 10를 각각 세제곱한 수의 합이자 1와 12를 각각 세제곱한 수의 합입니다. 1729는 두 개의 세제곱수의 합으로 나타내는 방법이 두 가지인 최소의 자연수입니다."라고 말했다.

하디는 자신이 남긴 수학적 업적 중에서 최고의 업적은 라마누잔을 발견한 일이라고 말하기까지 했다. 하디는 진정 라마누잔을 상당히 자랑스러워 했음에 틀림없다. 하디가 그토록 인정했던 라마누잔이 연구한 다양한 분야 중에서 가장 쉬운 것은 마방진에 관한 연구일 것이다. 마방진은 각 가로줄에 있는 수들의 합, 각 세로줄에 있는 수들의 합, 두 대각선에 있는 수들의 합이 모두 동일한 배열을 말한다. 라마누잔이 남긴 재미있는 마방진 하나를 소개할까 한다.

22	12	18	87
21	84	32	2
92	16	7	24
4	27	82	26

이 마방진이 재미있는 이유가 무엇일까? 이 마방진의 첫 줄에 있는 수들은 그의 출생년도인 1887년 12월 22일을 뜻한다. 독자여러분도 자신의 생일을 나타내는 마방진을 스스로 만들어 보는 것은 어떨지?

23rd 산술기하평균

산술평균(arithmetic mean)과 기하평균(geometric mean)이 무엇인지는 다들 잘 알고 있을 것이다. 혹시 그렇지 않은 독자가 있을지도 모르니 잠시 언급해야겠다. 두 양의 실수 a와 b에 대하여, 산술평균은 $\frac{a+b}{2}$이고 기하평균은 $\sqrt{ab}$이다. 그럼 산술기하평균(arithmetic-geometric mean)은 무엇일까? 산술평균과 기하평균을 간단히 줄여서 산술기하평균이라고 말하는 것일까? 그건 절대 아니다.

산술평균과 기하평균의 정의를 기억하면서, 양의 실수 $a = a_0$와 $b = b_0$를 생각한다.

그 다음에

$$a_1 = \frac{a_0 + b_0}{2}, \quad b_1 = \sqrt{a_0 b_0}, \quad a_2 = \frac{a_1 + b_1}{2}, \quad b_2 = \sqrt{a_1 b_1}, \quad a_3 = \frac{a_2 + b_2}{2}, \quad b_3 = \sqrt{a_2 b_2}, \quad \cdots$$

과 같이

$$a_n = \frac{a_{n-1} + b_{n-1}}{2}, \quad b_n = \sqrt{a_{n-1} b_{n-1}}$$

이라고 하자. 처음에 a_0와 b_0가 양수였으므로 임의의 a_n와 b_n도 양수이다.

$a_{n+1} - a_{n+2}$을 계산

$$\begin{aligned} a_{n+1} - a_{n+2} &= \frac{a_n + b_n}{2} - \frac{a_{n+1} + b_{n+1}}{2} = \frac{a_n + b_n}{2} - \frac{\frac{a_n + b_n}{2} + \sqrt{a_n b_n}}{2} \\ &= \frac{a_n + b_n}{2} - \frac{a_n + b_n}{4} - \frac{\sqrt{a_n b_n}}{2} = \frac{a_n + b_n}{4} - \frac{2\sqrt{a_n b_n}}{4} = \frac{\left(\sqrt{a_n} - \sqrt{b_n}\right)^2}{4} \end{aligned}$$

하면

$$a_{n+1} - a_{n+2} = \frac{\left(\sqrt{a_n} - \sqrt{b_n}\right)^2}{4} \qquad [16]$$

이다.

$b_{n+1}{}^2 - b_{n+2}{}^2$을 계산

$$\begin{aligned} b_{n+1}{}^2 - b_{n+2}{}^2 &= a_n b_n - a_{n+1} b_{n+1} = \sqrt{a_n b_n}\sqrt{a_n b_n} - \frac{a_n + b_n}{2}\sqrt{a_n b_n} \\ &= \sqrt{a_n b_n}\left(\sqrt{a_n b_n} - \frac{a_n + b_n}{2}\right) = -\frac{1}{2}\sqrt{a_n b_n}\left(-2\sqrt{a_n b_n} + a_n + b_n\right) \\ &= -\frac{1}{2}\sqrt{a_n b_n}\left(\sqrt{a_n} - \sqrt{b_n}\right)^2 \end{aligned}$$

하면

$$b_{n+1}{}^2 - b_{n+2}{}^2 = -\frac{1}{2}\sqrt{a_n b_n}\left(\sqrt{a_n} - \sqrt{b_n}\right)^2 \quad [17]$$

이다.

$a_{n+1} - b_{n+1}$을 계산

$$a_{n+1} - b_{n+1} = \frac{a_n + b_n}{2} - \sqrt{a_n b_n} = \frac{a_n + b_n - 2\sqrt{a_n b_n}}{2} = \frac{\left(\sqrt{a_n} - \sqrt{b_n}\right)^2}{2}$$

하면

$$a_{n+1} - b_{n+1} = \frac{\left(\sqrt{a_n} - \sqrt{b_n}\right)^2}{2}$$

이다.

[16]과 [17]과 위의 식에서

$$a_{n+1} > a_{n+2}, \quad a_{n+1} > b_{n+1}, \quad b_{n+2} > b_{n+1}$$

이라고 하자. 그러면 부등식

$$a_0 > a_1 > a_2 > \cdots > a_n > \cdots > b_n > \cdots > b_2 > b_1 > b_0$$

이 성립하게 된다.

위의 부등식으로부터 무엇을 얻을 수 있는가? 우리는 위의 부등식에 극한을 취하여 아래의 등식을 얻을 수 있다.

$$\lim_{n\to\infty} a_n = \lim_{n\to\infty} b_n$$

우리가 잘 알고 있는 가우스가 이 공통의 극한값을 두 양수 a와 b의 산술기하평균이라고 불렀다. 그러니까 산술기하평균은 2개의 수가 아니라 하나의 수이다. 이러한 산술기하평균을 기호로는 $\mathrm{AGM}[a, b]$이라고 쓴다.

$0 < b < a$이라고 하면 부등식

$$b < \sqrt{ab} < \mathrm{AGM}[a, b] < \frac{a+b}{2} < a$$

이 항상 성립한다. 물론 $0 < b = a$이면 위의 부등식은 아래의 등식으로 된다.

$$b = \sqrt{ab} = \mathrm{AGM}[a, b] = \frac{a+b}{2} = a$$

가우스는 산술기하평균의 개념이 새로운 분야를 열 것이라고 기록했다. 현대의 컴퓨터 시대에서 원주율을 구할 때 산술기하평균은 매우 자주 활용된다. 가우스는 시대를 뛰어넘는 진정한 천재이다.

24th 가우스[79]-르장드르[80] 알고리즘

지금부터는 이전과 비교해서 알고리즘이 복잡해지는데 자세히 이해하려고 노력하지 않아도 된다. 이런 것도 있구나 하고 넘어가면 된다.

가우스-르장드르 알고리즘은 산술기하평균을 이용한다. 이 알고리즘에 대해서 많은 변종이 있는데 두 가지만 소개한다.

---

1. 변종1

초기값으로

$$a_0 = 1, \quad b_0 = \frac{1}{\sqrt{2}}, \quad c_0 = 1$$

을 정의한다.

그 다음에

$$a_{n+1} = \frac{a_n + b_n}{2}, \quad b_{n+1} = \sqrt{a_n b_n}, \quad c_n = {a_n}^2 - {b_n}^2$$

을 반복한다.

그러면 원주율은

$$\pi = \lim_{n \to \infty} \frac{2{a_{n+1}}^2}{1 - \sum_{k=0}^{n} 2^k {c_k}^2}$$

으로 표현된다.

---

79 Johann Carl Friedrich Gauss. Born: 30 April 1777 in Brunswick, Duchy of Brunswick (now Germany). Died: 23 Feb 1855 in Göttingen, Hanover (now Germany).

80 Adrien-Marie Legendre. Born: 18 Sept 1752 in Paris, France. Died: 10 Jan 1833 in Paris, France.

2. 변종2

초기값으로

$$a_0 = 1, \quad A_0 = 1, \quad B_0 = \frac{1}{2}, 1 \quad s_0 = 1$$

을 정의한다.

그 다음에

$$C_n = A_n - B_n, \quad s_n = s_{n-1} - 2^n C_n, \quad b_n = \sqrt{B_n}, \quad a_{n+1} = \frac{a_n + b_n}{2}, \quad A_{n+1} = {a_{n+1}}^2, \quad B_{n+1} = 2A_{n+1} - \frac{A_n + B_n}{2}$$

을 반복한다.

그러면 원주율은

$$\pi = \lim_{n \to \infty} \frac{2A_{n+1}}{s_n}$$

으로 표현된다.

그런데 르장드르란 수학자가 이 책의 초반부에서 언급되었었음을 기억하는가? 르장드르는 원주율이 무리수라는 사실을 증명했던 수학자이다. 르장드르는 최초로 산술기하평균을 발견했다.

25th 브렌트[81]-살라민[82] 알고리즘

1976년에 살라민과 브렌트는 산술기하평균에 근거하는 알고리즘을 독립적으로 발견하였다.

초기값으로

$$a_0 = 1, \quad b_0 = \frac{1}{\sqrt{2}}, \quad s_0 = \frac{1}{2}$$

을 정의한다.

그 다음에

$$a_{k+1} = \frac{a_k + b_k}{2}, \quad b_{k+1} = \sqrt{a_k b_k}, \quad s_{k+1} = s_k - 2^{k+1}\left({a_{k+1}}^2 - {b_{k+1}}^2\right), \quad p_{k+1} = \frac{2{a_{k+1}}^2}{s_{k+1}}$$

을 반복한다.

그러면 p_k는 원주율에 이 차 수 렴(quadratic convergence)한다. 이차수렴한다는 것은 알고리즘을 한 번 반복할 때마다 올바른 숫자들의 개수가 근사적으로 2배가 된다는 것을 의미한다. 실제로 고정밀도[83]로 계산하여 보면, 알고리즘을 반복함에 따라 올바른 숫자들의 개수는 1개, 4개, 9개, 20개, 42개, 85개, 173개, 347개, 697개, ...가 된다.

브렌트-살라민 알고리즘을 구현하려면, 마친 공식을 이용할 경우에는 전혀 필요

---

81 Richard P. Brent

82 Eugene Salamin

83 가령, $\sqrt[3]{37}$을 소수점 아래 십만 자리까지 정확하게 컴퓨터로 계산하고 싶다고 하자. 단순히 $\sqrt[3]{37}$을 출력하도록 간단하게 프로그램을 짤 수 있다. 하지만 모니터 화면에 실제로 출력되는 값은 100개의 숫자도 안된다. 평범한 방법으로는 목적을 달성할 수 없다는 말이다. 목적을 달성하려면 여러 가지를 고민해야 한다. 그런 프로그램을 작성하는 것은 매우 어렵다. 어쨌든 이런 것을 고정밀도로 계산한다고 표현한다.

extraction of the square root

하지 않은 제 곱 근 풀 이 를 고정밀도로 계산해야 한다. 이때 고정밀도 제곱근풀이는 뉴턴-라프슨 방법으로 해결할 수 있다.

뉴턴-라프슨 방법은 컴퓨터로 방정식을 풀고자 할 때 사용하는 방법 중의 하나이다.

유도하는 것은 간단하다.

아래의 그림을 보자.

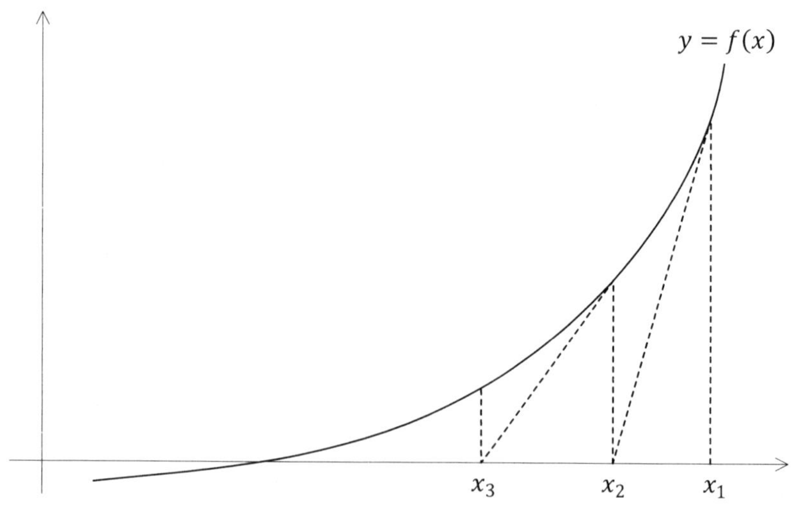

처음에 적당한 위치에서 방정식 근의 근삿값으로 적절한 값을 취한다. 적당한 위치의 적절한 값이라는 것은 방정식 근과 큰 차이가 나지 않는 임의의 값을 말한다.

x_i에서의 일계도함수의 기울기는

$$f'(x_i) = \frac{f(x_i) - 0}{x_i - x_{i+1}} = \frac{f(x_i)}{x_i - x_{i+1}}$$

이다.

위의 식을 x_{i+1}에 대하여 풀면 뉴턴-라프슨 공식

$$x_{i+1} = x_i - \frac{f(x_i)}{f'(x_i)}$$

이 얻어진다. 이 과정을 반복할수록 x_i의 값이 방정식 $f(x) = 0$의 근과 가까워진다는 것이 뉴턴-라프슨 방법이다.

a의 제곱근은 방정식 $x^2 = a$을 푸는 것이다. 그러니까 이 경우에 $f(x) = x^2 - a$이다.

브렌트-살라민 알고리즘은 어떤 중요성이 있을까?

브렌트-살라민 알고리즘이 나오기 이전에는 어떤 기법을 사용하여 원주율을 계산하여도 수행된 반복의 횟수에 선형적으로 비례하여 올바른 숫자들의 개수가 증가하였다. 브렌트-살라민 알고리즘의 경우 알고리즘을 한 번 반복할 때마다 올바른 숫자들의 개수가 근사적으로 2배로 증가하게 된다.

브렌트-살라민 알고리즘은 가우스-살라민 알고리즘 또는 살라민 알고리즘이라고도 부른다. 브렌트-살라민 알고리즘은 사실상 가우스-르장드르 알고리즘과 같은 것이다. 수학도깨비는 별도로 분리하여 소개했는데, 둘 중에서 하나만 다루어도 상관없을 것이다.

26th 보웨인 형제의 삼차수렴 알고리즘

형제지간인 조나단 보웨인[84]과 피터 보웨인[85]은 삼차수렴 알고리즘을 발견했다. 즉 계산을 한 복 반복할 때마다 올바른 숫자들(correct digits)의 개수는 대략 3배가 된다.

초기값으로

$$a_0 = \frac{1}{3}, \quad s_0 = \frac{\sqrt{3}-1}{2}$$

을 정의한다.

그 다음에

$$r_{k+1} = \frac{3}{1+2(1-{s_k}^3)^{\frac{1}{3}}}, \quad s_{k+1} = \frac{r_{k+1}-1}{2}, \quad a_{k+1} = a_k {r_{k+1}}^2 - 3^k({r_{k+1}}^2 - 1)$$

을 반복한다.

그러면 $\frac{1}{a_k}$은 원주율에 삼차수렴한다. 계산을 한 복 반복할 때마다 올바른 숫자들의 개수는 대략 3배가 되는 것이다.

---

84 Jonathan M. Borwein

85 Peter B. Borwein

27th 보웨인 형제의 사차수렴 알고리즘

초기값으로

$$y_0 = \sqrt{2} - 1, \quad a_0 = 6 - 4\sqrt{2}$$

을 정의한다.

그 다음에

$$y_{k+1} = \frac{1 - (1 - {y_k}^4)^{\frac{1}{4}}}{1 + (1 - {y_k}^4)^{\frac{1}{4}}}, \quad a_{k+1} = (1 + y_{k+1})^4 a_k - 2^{2k+3} y_{k+1}(1 + y_{k+1} + {y_{k+1}}^2)$$

을 반복한다.

그러면 a_k는 $\frac{1}{\pi}$에 사차수렴한다. 즉 계산을 한 복 반복할 때마다 올바른 숫자들의 개수는 대략 4배가 된다.

보웨인 형제의 사차수렴 알고리즘의 수렴성이 어느 정도나 좋은지 구체적으로 보기를 들어보겠다.

좀 길어지겠지만 처음부터 a_{18}까지 써 보면 다음과 같다.

$$y_0 = \sqrt{2} - 1, \quad a_0 = 6 - 4\sqrt{2},$$

$$y_1 = \frac{1 - (1 - {y_0}^4)^{\frac{1}{4}}}{1 + (1 - {y_0}^4)^{\frac{1}{4}}}, \quad a_1 = (1 + y_1)^4 a_0 - 2^3 y_1(1 + y_1 + {y_1}^2),$$

$$y_2 = \frac{1 - (1 - {y_1}^4)^{\frac{1}{4}}}{1 + (1 - {y_1}^4)^{\frac{1}{4}}}, \quad a_2 = (1 + y_2)^4 a_1 - 2^5 y_2(1 + y_2 + {y_2}^2),$$

$$y_3 = \frac{1 - (1 - {y_2}^4)^{\frac{1}{4}}}{1 + (1 - {y_2}^4)^{\frac{1}{4}}}, \quad a_3 = (1 + y_3)^4 a_2 - 2^7 y_3(1 + y_3 + {y_3}^2),$$

중략

$$y_{16} = \frac{1-(1-{y_{15}}^4)^{\frac{1}{4}}}{1+(1-{y_{15}}^4)^{\frac{1}{4}}}, \quad a_{16} = (1+y_{16})^4 a_{15} - 2^{33} y_{16}(1+y_{16}+{y_{16}}^2),$$

$$y_{17} = \frac{1-(1-{y_{16}}^4)^{\frac{1}{4}}}{1+(1-{y_{16}}^4)^{\frac{1}{4}}}, \quad a_{17} = (1+y_{17})^4 a_{16} - 2^{35} y_{17}(1+y_{17}+{y_{17}}^2),$$

$$y_{18} = \frac{1-(1-{y_{17}}^4)^{\frac{1}{4}}}{1+(1-{y_{17}}^4)^{\frac{1}{4}}}, \quad a_{18} = (1+y_{18})^4 a_{17} - 2^{37} y_{18}(1+y_{18}+{y_{18}}^2)$$

위와 같이 계산을 18번 반복하면 원주율을 천팔백칠십억이 넘는 자릿수까지 구할 수 있다. 또한 19번째 반복 계산을 하면 원주율을 칠천오백억이 넘는 자릿수까지 구할 수 있다.

아울러 혹시 독자들 중에 자연수 k에 대하여 a_k를 실제 계산하여 보면 어떻게 될지 궁금해하는 독자가 있을 것이다. 그럼 따져 볼까?

a_1을 계산하여 보면

$$a_1 = \frac{\left(1+\left(-16+12\sqrt{2}\right)^{\frac{1}{4}}\right)^4}{8\left(-7+4\sqrt{2}+4\sqrt{-4+3\sqrt{2}}\right)}$$

이 되는 것을 독자가 스스로 계산해 보아라. 이런 것을 백만자리까지 계산한다는 것이 결코 간단하지 않다.

a_2는 어떻게 될까?

28th 추드노브스키 형제 공식

1989년에 콜롬비아 대학교의 데이비드 추드노브스키[86]와 그레고리 추드노브스키[87]는

$$\frac{1}{\pi} = 12\sum_{k=0}^{\infty}(-1)^k \frac{(6k)!\,(13591409+545140134k)}{(k!)^3(3k)!\,(640320^3)^{k+\frac{1}{2}}}$$

을 발견하였다.

위의 급수는 수렴속도가 매우 빠르다. 항을 하나 늘릴 때마다 대략 15개의 숫자를 얻게 된다. 추드노브스키 형제의 공식은 현재 Mathematica[88]에서 원주율의 값을 구하는데 사용될 정도로 매우 효율적인 공식이다.

이 공식의 장단점을 알아보자.

추드노브스키 형제의 공식에서 각 항 사이의 계산들은 많은 컴퓨터들이 계산을 나누어 수행해도 될 정도로 독립적이다. 나중에 각 작업 결과들을 결합시켜 주면 된다. 이것이 의미하는 바는 무엇인가? 네트워크나 인터넷에 연결되어 있는 많은 보통의 컴퓨터를 사용하여 슈퍼컴퓨터에 필적하는 작업을 할 수 있다는 것을 의미한다.

추드노브스키 형제의 공식은 프로그램이나 하드웨어에 의하여 발생된 오류를 감지하는 계산을 내장한 최초의 방법이라고 한다. 그 전까지는 결과를 검증하기 위해서 다른 알고리즘을 사용하여 계산을 한 번 더 수행해야 했다. 당연히 그런 것은 상당한 시간을 잡아먹었다. 추드노브스키 형제의 공식을 사용하면 작동 중에 검증할 수 있다고 한다.

---

86 David V. Chudnovsky

87 Gregory V. Chudnovsky

88 다양한 분야의 수학 계산을 수행할 수 있는 소프트웨어

단점은 계산 도중에 발생하는 숫자들이 상당히 많아서 작업 공간을 많이 필요로 한다는 것이다.

추드노브스키 형제는 1994년에 자신들의 공식으로 40억이 넘는 자릿수까지 원주율을 계산하였다.

제목이 *The Mountains of Pi*인 글을 인터넷에서 찾을 수 있다. 추드노브스키 형제에 얽힌 글인데, 시간 나면 한 번 읽어보길 권한다. 상당히 재미있는 글이다.

29th 오일러의 수렴향상변환

라이프니츠[89]의 급수

$$\frac{\pi}{4} = 1 - \frac{1}{3} + \frac{1}{5} - \frac{1}{7} + \frac{1}{9} - \frac{1}{11} + \cdots \qquad [18]$$

를 사용하여 원주율을 고정밀도로 구하려고 노력하는 것은 정말 바보짓(?)이다. 급수의 수렴속도가 상상을 초월할 정도로 느리기 때문이다. 이럴 때 오일러의 수렴향상변환[90]이 해결책을 제시해 줄 수 있다. 말 그대로 수렴향상변환은 급수의 수렴속도를 증가시켜 주는 변환이다.

수렴하는 교대급수(alternating series)

$$S = a_0 - a_1 + a_2 - a_3 + a_4 - a_5 + a_6 - a_7 + a_8 - a_9 + \cdots$$

를 생각하여 보자.

연산자

$$\Delta_1 a_k = a_k - a_{k+1}, \quad \Delta_2 a_k = \Delta_1 a_k - \Delta_1 a_{k+1}, \quad \Delta_3 a_k = \Delta_2 a_k - \Delta_2 a_{k+1}$$

를 사용하여 위의 급수를

$$S = \frac{1}{2}\Delta_0 a_0 - \frac{1}{4}\Delta_1 a_0 + \frac{1}{8}\Delta_2 a_0 - \frac{1}{16}\Delta_3 a_0 + \frac{1}{32}\Delta_4 a_0 - \frac{1}{64}\Delta_5 a_0 + \cdots$$

과 같이 변형할 수 있다. 이렇게 급수를 변형한 식이 오일러의 수렴향상변환이다.

그러면 라이프니츠의 급수에 오일러의 수렴향상변환을 적용하여 보자.

변형된 급수의 각 항을

$$\Delta_0 a_0 = a_0 = 1,$$

---

89 Gottfried Wilhelm von Leibniz. Born: 1 July 1646 in Leipzig, Saxony (now Germany). Died: 14 Nov 1716 in Hannover, Hanover (now Germany).

90 convergence improvement transformation

$$\Delta_1 a_0 = a_0 - a_1 = 1 - \frac{1}{3} = \frac{1\cdot 2}{1\cdot 3},$$
$$\Delta_2 a_0 = \Delta_1 a_0 - \Delta_1 a_1 = \frac{1\cdot 2}{1\cdot 3} - \frac{1\cdot 2}{3\cdot 5} = \frac{1\cdot 2\cdot 4}{1\cdot 3\cdot 5},$$
$$\Delta_3 a_0 = \Delta_2 a_0 - \Delta_2 a_1 = \frac{1\cdot 2\cdot 4}{1\cdot 3\cdot 5} - \frac{1\cdot 2\cdot 4}{3\cdot 5\cdot 7} = \frac{1\cdot 2\cdot 4\cdot 6}{1\cdot 3\cdot 5\cdot 7},$$
$$\cdots$$

과 같이 구한다.

따라서 [18]는

$$\frac{\pi}{4} = \frac{1}{2} + \frac{1\cdot 2}{1\cdot 3}\cdot\frac{1}{2^2} + \frac{1\cdot 2\cdot 4}{1\cdot 3\cdot 5}\cdot\frac{1}{2^3} + \frac{1\cdot 2\cdot 4\cdot 6}{1\cdot 3\cdot 5\cdot 7}\cdot\frac{1}{2^4} + \cdots$$

으로 변형된다.

오일러의 수렴향상변환을 어떤 급수에 적용할 때, 처음부터 무작정 적용시키지 않는다. 처음 몇 개의 항은 보통 때처럼 부분합을 계산하고 그 다음 항부터 적용하는 것이 가장 좋다고 한다.

30th 진법과 기수

2진법의 수와 10진법의 수가 있다고 하자. 이때 2와 10를 기수라고 말한다.

구체적으로 10진수 5.6789를 기수 10를 이용하여

$$\begin{aligned}5.6789 &= 5\times 10^0 + 6\times\frac{1}{10^1} + 7\times\frac{1}{10^2} + 8\times\frac{1}{10^3} + 9\times\frac{1}{10^4}\\ &= 5+\frac{1}{10}\left(6+\frac{1}{10}\left(7+\frac{1}{10}\left(8+\frac{1}{10}(9)\right)\right)\right)\end{aligned}$$

와 같이 나타낼 수 있다.

다른 진법의 수도 동일한 형식으로 표현할 수 있다. 8진수 $4.5673_{(8)}$는 기수 8를 이용하여

$$\begin{aligned}4.5673_{(8)} &= 4\times 8^0 + 5\times\frac{1}{8^1} + 6\times\frac{1}{8^2} + 7\times\frac{1}{8^3} + 3\times\frac{1}{8^4}\\ &= 4+\frac{1}{8}\left(5+\frac{1}{8}\left(6+\frac{1}{8}\left(7+\frac{1}{8}(3)\right)\right)\right)\end{aligned}$$

와 같이 나타낼 수 있다.

기수를 영어로는 radix 혹은 base라고 한다.

31st Spigot 알고리즘

라비노위츠[91]와 와곤[92]은 그레고리[93]의 아크탄젠트 급수

$$\arctan x = x - \frac{x^3}{3} + \frac{x^5}{5} - \frac{x^7}{7} + \frac{x^9}{9} - \frac{x^{11}}{11} + \cdots$$

에 오일러[94]의 수렴향상변환을 적용하면 얻어지는 급수

$$\arctan x = \frac{x}{1+x^2}\left(1 + \frac{2}{3}\cdot\frac{x^2}{1+x^2} + \frac{2\cdot 4}{3\cdot 5}\left(\frac{x^2}{1+x^2}\right)^2 + \frac{2\cdot 4\cdot 6}{3\cdot 5\cdot 7}\left(\frac{x^2}{1+x^2}\right)^3 + \cdots\right)$$

를 활용하여 공식

$$\pi = 2 + \frac{1}{3}\left(2 + \frac{2}{5}\left(2 + \frac{3}{7}\left(2 + \frac{4}{9}\left(2 + \frac{5}{11}\left(2 + \frac{6}{13}(2 + \cdots)\right)\right)\right)\right)\right) \qquad [19]$$

을 1990년에 개발하였다.

위의 식과 같이 표현되는 급수를

$$\pi = a + \frac{1}{10}\left(b + \frac{1}{10}\left(c + \frac{1}{10}\left(d + \frac{1}{10}\left(e + \frac{1}{10}\left(f + \frac{1}{10}(2 + \cdots)\right)\right)\right)\right)\right) \qquad [20]$$

---

91 Stanley D. Rabinowitz

92 Stan Wagon

93 James Gregory. **Born:** Nov 1638 in Drumoak (near Aberdeen), Scotland. **Died:** Oct 1675 in Edinburgh, Scotland.

94 Leonhard Euler. **Born:** 15 April 1707 in Basel, Switzerland. **Died:** 18 Sept 1783 in St Petersburg, Russia.

과 같이 변환하는 알고리즘을 spigot 알고리즘이라고 말한다. 그렇다면 [19]을 [20]으로 변환할 때 근본적으로 무엇이 바뀐 것일까? 바로 기수가 변했다. 이러한 것을 기수 변환이라고 한다. 그런데 [20]의 기수가 10라는 것은 쉽게 알겠는데 [19]의 기수는 도대체 무엇이란 말인가? [19]의 기수는 한 가지가 아니라 무수히 많은 기수들 3, $\frac{5}{2}$, $\frac{7}{3}$, $\frac{9}{4}$, $\frac{11}{5}$, $\frac{13}{6}$, …이 혼합된 것이다. 기수들이 혼합되었다는 수학도깨비의 말에 독자여러분은 상당히 찜찜함을 느낄 것이다. 하지만 무슨 말인지 수긍할 수는 있을 것이다.

spigot 알고리즘은 무척 재미나고 신기한 알고리즘이다. 이 책을 통틀어 가장 재미있는 부분이기도 하고 수학도깨비가 이 책을 통틀어 독자 여러분들에게 가장 알리고 싶은 알고리즘이기도 하다. 그럼 구체적으로 알고리즘을 설명하겠다.

우선 어느 항까지 부분합을 구할지 결정한다. 결정하였으면 다음과 같이 쓴다.

	$\frac{1}{3}$	$\frac{2}{5}$	$\frac{3}{7}$	$\frac{4}{9}$	$\frac{5}{11}$	$\frac{6}{13}$	$\frac{7}{15}$	$\frac{8}{17}$	$\frac{9}{19}$	$\frac{10}{21}$	$\frac{10}{23}$	$\frac{12}{25}$

그 밑을 전부 2으로 채운다.

	$\frac{1}{3}$	$\frac{2}{5}$	$\frac{3}{7}$	$\frac{4}{9}$	$\frac{5}{11}$	$\frac{6}{13}$	$\frac{7}{15}$	$\frac{8}{17}$	$\frac{9}{19}$	$\frac{10}{21}$
2	2	2	2	2	2	2	2	2	2	2

2의 10배인 20으로 그 밑을 채운다.

	$\frac{1}{3}$	$\frac{2}{5}$	$\frac{3}{7}$	$\frac{4}{9}$	$\frac{5}{11}$	$\frac{6}{13}$	$\frac{7}{15}$	$\frac{8}{17}$	$\frac{9}{19}$	$\frac{10}{21}$
2	2	2	2	2	2	2	2	2	2	2
20	20	20	20	20	20	20	20	20	20	20

가장 오른쪽 밑에 0을 쓰고, 그 위에 있는 20과 더한 결과를 0 아래에 쓴다.

	$\frac{1}{3}$	$\frac{2}{5}$	$\frac{3}{7}$	$\frac{4}{9}$	$\frac{5}{11}$	$\frac{6}{13}$	$\frac{7}{15}$	$\frac{8}{17}$	$\frac{9}{19}$	$\frac{10}{21}$
2	2	2	2	2	2	2	2	2	2	2
20	20	20	20	20	20	20	20	20	20	20
										0
										20

가장 아래의 20을 제1행에 있는 $\frac{10}{21}$의 분모인 21으로 나눈다. 몫은 0이고 나머지는 20이다. 나머지를 가장 아래에 쓰고, 몫과 $\frac{10}{21}$의 분자인 10을 곱한 0을 인접

한 열에 쓴다.

	$\frac{1}{3}$	$\frac{2}{5}$	$\frac{3}{7}$	$\frac{4}{9}$	$\frac{5}{11}$	$\frac{6}{13}$	$\frac{7}{15}$	$\frac{8}{17}$	$\frac{9}{19}$	$\frac{10}{21}$
2	2	2	2	2	2	2	2	2	2	2
20	20	20	20	20	20	20	20	20	20	20
									0	0
										20
										20

방금 쓴 0과 그 위에 있는 20을 더한 결과를 0 아래에 쓴다.

	$\frac{1}{3}$	$\frac{2}{5}$	$\frac{3}{7}$	$\frac{4}{9}$	$\frac{5}{11}$	$\frac{6}{13}$	$\frac{7}{15}$	$\frac{8}{17}$	$\frac{9}{19}$	$\frac{10}{21}$
2	2	2	2	2	2	2	2	2	2	2
20	20	20	20	20	20	20	20	20	20	20
									0	0
									20	20
										20

방금 쓴 20을 그 열의 제1행에 있는 $\frac{9}{19}$의 분모인 19으로 나눈다. 몫은 1이고 나머지는 1이다. 나머지를 20 아래에 쓰고, 몫과 $\frac{9}{19}$의 분자인 9을 곱한 9을 인접한 열에 쓴다.

	$\frac{1}{3}$	$\frac{2}{5}$	$\frac{3}{7}$	$\frac{4}{9}$	$\frac{5}{11}$	$\frac{6}{13}$	$\frac{7}{15}$	$\frac{8}{17}$	$\frac{9}{19}$	$\frac{10}{21}$
2	2	2	2	2	2	2	2	2	2	2
20	20	20	20	20	20	20	20	20	20	20
								9	0	0
									20	20
									1	20

방금 쓴 9과 그 위에 있는 20을 더한 결과를 9 아래에 쓴다.

	$\frac{1}{3}$	$\frac{2}{5}$	$\frac{3}{7}$	$\frac{4}{9}$	$\frac{5}{11}$	$\frac{6}{13}$	$\frac{7}{15}$	$\frac{8}{17}$	$\frac{9}{19}$	$\frac{10}{21}$
2	2	2	2	2	2	2	2	2	2	2
20	20	20	20	20	20	20	20	20	20	20
								9	0	0
								29	20	20
									1	20

방금 쓴 29을 그 열의 제1행에 있는 $\frac{8}{17}$의 분모인 17으로 나눈다. 몫은 1이고 나머지는 12이다. 나머지를 29 아래에 쓰고, 몫과 $\frac{8}{17}$의 분자인 8을 곱한 8을 인접

한 열에 쓴다.

	$\frac{1}{3}$	$\frac{2}{5}$	$\frac{3}{7}$	$\frac{4}{9}$	$\frac{5}{11}$	$\frac{6}{13}$	$\frac{7}{15}$	$\frac{8}{17}$	$\frac{9}{19}$	$\frac{10}{21}$
2	2	2	2	2	2	2	2	2	2	2
20	20	20	20	20	20	20	20	20	20	20
							8	9	0	0
								29	20	20
								12	1	20

방금 쓴 8과 그 위에 있는 20을 더한 결과를 8 아래에 쓴다.

	$\frac{1}{3}$	$\frac{2}{5}$	$\frac{3}{7}$	$\frac{4}{9}$	$\frac{5}{11}$	$\frac{6}{13}$	$\frac{7}{15}$	$\frac{8}{17}$	$\frac{9}{19}$	$\frac{10}{21}$
2	2	2	2	2	2	2	2	2	2	2
20	20	20	20	20	20	20	20	20	20	20
							8	9	0	0
							28	29	20	20
								12	1	20

방금 쓴 28을 그 열의 제1행에 있는 $\frac{7}{15}$의 분모인 15으로 나눈다. 몫은 1이고 나머지는 13이다. 나머지를 28 아래에 쓰고, 몫과 $\frac{7}{15}$의 분자인 7을 곱한 7을 인접한 좌측 열에 쓴다.

	$\frac{1}{3}$	$\frac{2}{5}$	$\frac{3}{7}$	$\frac{4}{9}$	$\frac{5}{11}$	$\frac{6}{13}$	$\frac{7}{15}$	$\frac{8}{17}$	$\frac{9}{19}$	$\frac{10}{21}$
2	2	2	2	2	2	2	2	2	2	2
20	20	20	20	20	20	20	20	20	20	20
						7	8	9	0	0
							28	29	20	20
							13	12	1	20

방금 쓴 7과 그 위에 있는 20을 더한 결과를 7 아래에 쓴다.

	$\frac{1}{3}$	$\frac{2}{5}$	$\frac{3}{7}$	$\frac{4}{9}$	$\frac{5}{11}$	$\frac{6}{13}$	$\frac{7}{15}$	$\frac{8}{17}$	$\frac{9}{19}$	$\frac{10}{21}$
2	2	2	2	2	2	2	2	2	2	2
20	20	20	20	20	20	20	20	20	20	20
						7	8	9	0	0
						27	28	29	20	20
							13	12	1	20

방금 쓴 27을 그 열의 제1행에 있는 $\frac{6}{13}$의 분모인 13으로 나눈다. 몫은 2이고 나머지는 1이다. 나머지를 27 아래에 쓰고, 몫과 $\frac{6}{13}$의 분자인 6을 곱한 12를 인접

한 좌측 열에 쓴다.

	$\frac{1}{3}$	$\frac{2}{5}$	$\frac{3}{7}$	$\frac{4}{9}$	$\frac{5}{11}$	$\frac{6}{13}$	$\frac{7}{15}$	$\frac{8}{17}$	$\frac{9}{19}$	$\frac{10}{21}$
2	2	2	2	2	2	2	2	2	2	2
20	20	20	20	20	20	20	20	20	20	20
					12	7	8	9	0	0
						27	28	29	20	20
						1	13	12	1	20

위와 같은 방식으로 표를 계속 채워나가 보자. 그러면 다음을 얻을 수 있다.

	$\frac{1}{3}$	$\frac{2}{5}$	$\frac{3}{7}$	$\frac{4}{9}$	$\frac{5}{11}$	$\frac{6}{13}$	$\frac{7}{15}$	$\frac{8}{17}$	$\frac{9}{19}$	$\frac{10}{21}$
2	2	2	2	2	2	2	2	2	2	2
20	20	20	20	20	20	20	20	20	20	20
10	12	12	12	10	12	7	8	9	0	0
③0	32	32	32	30	32	27	28	29	20	20
	2	2	4	3	10	1	13	12	1	20

위에서 ③0을 보자. 느닷없이 좀 다른 모양으로 썼다. 왜 그럴까? ③은 원주율의 첫 번째 숫자이다.

③0의 밑에는 일의 자리 숫자인 0을 쓴다.

	$\frac{1}{3}$	$\frac{2}{5}$	$\frac{3}{7}$	$\frac{4}{9}$	$\frac{5}{11}$	$\frac{6}{13}$	$\frac{7}{15}$	$\frac{8}{17}$	$\frac{9}{19}$	$\frac{10}{21}$
2	2	2	2	2	2	2	2	2	2	2
20	20	20	20	20	20	20	20	20	20	20
10	12	12	12	10	12	7	8	9	0	0
③0	32	32	32	30	32	27	28	29	20	20
0	2	2	4	3	10	1	13	12	1	20

맨 아래 행의 숫자들을 10배한 후, 그 결과들을 바로 밑에 쓴다.

	$\frac{1}{3}$	$\frac{2}{5}$	$\frac{3}{7}$	$\frac{4}{9}$	$\frac{5}{11}$	$\frac{6}{13}$	$\frac{7}{15}$	$\frac{8}{17}$	$\frac{9}{19}$	$\frac{10}{21}$
2	2	2	2	2	2	2	2	2	2	2
20	20	20	20	20	20	20	20	20	20	20
10	12	12	12	10	12	7	8	9	0	0
③0	32	32	32	30	32	27	28	29	20	20
0	2	2	4	3	10	1	13	12	1	20
0	20	20	40	30	100	10	130	120	10	200

이제 맨 처음에 시작했던 것과 마찬가지로 가장 오른쪽 아래에 0을 쓴다.

	$\frac{1}{3}$	$\frac{2}{5}$	$\frac{3}{7}$	$\frac{4}{9}$	$\frac{5}{11}$	$\frac{6}{13}$	$\frac{7}{15}$	$\frac{8}{17}$	$\frac{9}{19}$	$\frac{10}{21}$
2	2	2	2	2	2	2	2	2	2	2
20	20	20	20	20	20	20	20	20	20	20
10	12	12	12	10	12	7	8	9	0	0
③0	32	32	32	30	32	27	28	29	20	20
0	2	2	4	3	10	1	13	12	1	20
0	20	20	40	30	100	10	130	120	10	200
										0

방금 쓴 0과 그 위에 있는 200을 더한 결과를 0 아래에 쓴다.

	$\frac{1}{3}$	$\frac{2}{5}$	$\frac{3}{7}$	$\frac{4}{9}$	$\frac{5}{11}$	$\frac{6}{13}$	$\frac{7}{15}$	$\frac{8}{17}$	$\frac{9}{19}$	$\frac{10}{21}$
2	2	2	2	2	2	2	2	2	2	2
20	20	20	20	20	20	20	20	20	20	20
10	12	12	12	10	12	7	8	9	0	0
③0	32	32	32	30	32	27	28	29	20	20
0	2	2	4	3	10	1	13	12	1	20
0	20	20	40	30	100	10	130	120	10	200
										0
										200

가장 아래의 200을 그 열의 제1행에 있는 $\frac{10}{21}$의 분모인 21으로 나눈다. 몫은 9이고 나머지는 11이다. 나머지를 가장 아래에 쓰고, 몫과 $\frac{10}{21}$의 분자인 10을 곱한 90을 인접한 열에 쓴다.

	$\frac{1}{3}$	$\frac{2}{5}$	$\frac{3}{7}$	$\frac{4}{9}$	$\frac{5}{11}$	$\frac{6}{13}$	$\frac{7}{15}$	$\frac{8}{17}$	$\frac{9}{19}$	$\frac{10}{21}$
2	2	2	2	2	2	2	2	2	2	2
20	20	20	20	20	20	20	20	20	20	20
10	12	12	12	10	12	7	8	9	0	0
③0	32	32	32	30	32	27	28	29	20	20
0	2	2	4	3	10	1	13	12	1	20
0	20	20	40	30	100	10	130	120	10	200
									90	0
										200
										11

이제 더 이상 설명하지 않아도 어떻게 표를 채워나가야 할 지 알 수 있을 것이

다. 위 표에서 빈 칸을 직접 채워보길 바란다.

정말 재미있고 신기한 알고리즘이라고 생각되지 않는가? 이와 같이 spigot 알고리즘은 이전에 발생된 숫자들에 근거하여 상대적으로 간단한 재귀 알고리즘으로 원주율의 연속적인 숫자들을 차례차례 계산할 수 있게 해 주는 알고리즘이다.

완성된 형태의 다른 보기를 제시한다. 알고리즘을 확실히 이해했는지 확인해 보아라. 아래는 처음에 $\frac{12}{25}$까지 취한 후 spigot 알고리즘을 적용한 경우이다.

		$\frac{1}{3}$	$\frac{2}{5}$	$\frac{3}{7}$	$\frac{4}{9}$	$\frac{5}{11}$	$\frac{6}{13}$	$\frac{7}{15}$	$\frac{8}{17}$	$\frac{9}{19}$	$\frac{10}{21}$	$\frac{11}{23}$	$\frac{12}{25}$
초기화	2	2	2	2	2	2	2	2	2	2	2	2	2
10배	20	20	20	20	20	20	20	20	20	20	20	20	20
	10	12	12	12	10	12	7	8	9	0	0	0	0
	③0	32	32	32	30	32	27	28	29	20	20	20	20
나머지	0	2	2	4	3	10	1	13	12	1	20	20	20
10배	0	20	20	40	30	100	10	130	120	10	200	200	200
	13	20	33	40	65	48	98	88	72	150	132	96	0
	①3	40	53	80	95	148	108	218	192	160	332	296	200
나머지	3	1	3	3	5	5	4	8	5	8	17	20	0
10배	30	10	30	30	50	50	40	80	50	80	170	200	0
	11	24	30	40	40	42	63	64	90	120	88	0	0
	④1	34	60	70	90	92	103	144	140	200	258	200	0
나머지	1	1	0	0	0	4	12	9	4	10	6	16	0
10배	10	10	0	0	0	40	120	90	40	100	60	160	0
	4	2	9	24	55	84	63	48	72	60	66	0	0
	①4	12	9	24	55	124	183	138	112	160	126	160	0
나머지	4	0	4	3	1	3	1	3	10	8	0	22	0

32nd Spigot 알고리즘을 컴퓨터로

방금 공부한 spigot 알고리즘을 컴퓨터로 구현한 프로그램과 그 실행결과를 싣는다. 프로그래밍 언어를 조금이라도 안다면 프로그램을 분석해 보라고 권장하고 싶다. 독자가 프로그램을 추적해 나가는 것은 spigot 알고리즘을 설명한 부분만 읽는 것보다 알고리즘에 대한 이해를 더욱 높여줄 것이기 때문이다. C 언어를 모른다면 그냥 건너뛰어도 상관없다.

프로그램의 작성자는 해넬[95]이다.

소스코드

```
/* A spigot algorithm for the digits of pi, Stanley Rabinowitz
   and Stan Wagon, Amer.Math.Monthly, March 1995, 195-203
   Bug fixes by C. Haenel.
   The program can be compiled with an 16- or 32-Bit compiler.
   The upper limit for N is 9826 on 16 Bit and (at least) 50000
   on 32 Bit compilers.
*/

#include <stdio.h>

#define N             1000                   // Decimals to compute.
#define LEN           (10L * N) / 3 + 1      // Chain length

unsigned j, predigit, nines, a[LEN];
long x, q, k, len, i;

void main()
{
    for(j=N; j; )
    {
        q = 0;
```

[95] Christoph Haenel

```
        k = LEN+LEN-1;

        for(i=LEN; i; --i)
        {
            x = (j == N ? 20 : 10L*a[i-1]) + q*i;
            q = x / k;
            a[i-1] = (unsigned)(x-q*k);
            k -= 2;
        }

        k = x % 10;
        if (k==9)  ++nines;

        else
        {
            if (j)
            {
                --j;
                printf("%ld", predigit+x/10);
            }

            for(; nines; --nines)
            {
                if (j) --j, printf(x >= 10 ? "0" : "9");
            }

            predigit = (unsigned)k;
        }
    }
}
```

실행결과

```
3141592653589793238462643383279502884197169399375105820974944592307816406286208998628
28034825342117067982148086513282306647093844609550582231725359408128481117450284102
70193852110555964462294895493038196442881097566593344612847564823378678316527120190
91456485669234603486104543266482133936072602491412737245870066063155881748815209209
62829254091715364367892590360011330530548820466521384146951941511609433057270365759
59195309218611738193261179310511854807446237996274956735188575272489122793818301194
91298336733624406566430860213949463952247371907021798609437027705392171762931767523
84674818467669405132000568127145263560827785771342757789609173637178721468440901224
```

95343014654958537105079227968925892354201995611212902196086403441815981362977477130
99605187072113499999983729780499510597317328160963185950244594553469083026425223082
53344685035261931188171010003137838752886587533208381420617177669147303598253490428
75546873115956286388235378759375195778185778053217122680661300192787661119590921642
0198

33rd 부동소수점 연산

베일리-보웨인-플로우페 공식을 설명하기에 앞서 浮動小數點(부동소수점) 연산에 대해서 설명할 필요가 있다. 컴퓨터를 켠 후 다음과 같이 조작해 보자.

윈도우에서 **시작**을 클릭하고 **프로그램**, **보조프로그램**을 차례로 가리킨 다음 **계산기**를 클릭하자. 그러면 계산기가 실행된다. **보기** 메뉴에서 **공학용**을 클릭하자. 숫자 8를 입력한 후 제곱근을 연속해서 20번 클릭한 후 제곱을 연속해서 20번 클릭한다. 수학적으로 정확한 결과는 8이다. 하지만 계산기 창에는 8가 아니라 7.99999999999999999999999999999999가 출력된다. 버그 때문일까? 아니, 버그 때문이 아니라 본래 컴퓨터의 특성이 그렇게 되어 있다. 이런 현상이 발생하는 요인은 근삿값 채택으로 인해 실제 수치와 오차가 발생하기 때문이다.

계산기, 컴퓨터 등은 일정한 소수점 자리까지만 계산을 하거나 저장한다. 노이만[96]이 처음으로 컴퓨터를 제작할 당시만 해도 그러한 문제에 대해 신경을 쓸 필요가 없었다. 하지만 문제의 심각성이 곧 드러나기 시작했다. 근삿값을 취하는 방식이 기계마다 달랐기 때문에 희한한 현상들이 발생했던 것이다. $X-Y$가 0가 아닐 때가 있는가 하면 $X-Y$가 0가 되는 경우도 있었다. 0^0를 입력하면 어떤 컴퓨터에서는 '오류'로 나왔지만 다른 컴퓨터에서는 1.0라는 결과가 나왔다. 또 0를 0로 나누었을 때에는 어떤 때는 0이었으나 다른 때에는 '오류'로 나오기도 했다. 그리고 0의 부호는 양일 때가 있는가 하면 음일 때도 있었으며, 정의되지 않은 양으로 처리할 때도 있었다. 당연히, 컴퓨터 계산을 신뢰하기가 어려웠다.[97]

---

[96] John von Neumann. **Born:** 28 Dec 1903 in Budapest, Hungary. **Died:** 8 Feb 1957 in Washington D.C., USA.

[97] 컴퓨터 초창기에만 이런 실수가 있었던 것은 아니다. 1994년, 인텔의 CPU가 장착된 컴퓨터에 $X = 4195835$와 $Y = 3145727$를 입력하여, $X - \left(\frac{X}{Y}\right)Y$를 계산하니 0 대신에 256란 답이 나왔다. 이것이 그 유명한 펜티엄 버그로, 여러 신문에서 대서특필되었다.

이러한 문제점을 해결하는 일은 결코 쉬운 일이 아니다. 먼저 수의 크기를 처리해야 하는 따분한 일이 기다리고 있다. 가령, 초창기 컴퓨터는 각각의 숫자에 대해 소수점 앞 8번째 자리, 소수점 뒤 2번째 자리와 같이 미리 정한 기준에 따라 길이를 제한하고 있었다. 따라서 12345678.90에 0.0123456789를 더하는 계산을 실행시키면 실제로는 12345678.90 더하기 0.01를 계산한다. 불공평하게도 앞의 수는 그대로 취하지만 뒤의 수에 대해서는 본래의 값에 비해 23%[98] 적은 값을 취하는 것이다. 왜 한쪽 수를 다른 수보다 더 정확하게 처리하는 것일까? 더 큰 수이기 때문일까?

이러한 불공정한 처리를 바로잡기 위해 소위 浮動小數點(부동소수점) 연산 방법이 개발되었다. 이 연산에서는 소수점 아래 몇 번째 자리인가는 무시하고, 그 대신 항상 일정 수의 유효 숫자를 취한다. 숫자를 취하고 나면 소수점을 적절한 위치로 옮긴다. 즉, 12345678.90는 0.123456789E + 8로 쓰고, 0.0123456789는 0.123456789E − 1로 쓴다. E 뒤에 나오는 수치는 실제로 소수점이 찍혀 있는 자리를 나타낸다. 즉, +8은 오른쪽으로 8번을 옮겨가 소수점을 찍으라는 뜻이고, −1은 왼쪽으로 한번을 옮겨가 소수점을 찍으라는 의미이다.

비록 부동소수점 연산이 완벽한 것은 아니지만, 그 이전에 비해서는 분명 진일보한 것이었다. 그런데 1970년대 중반, 컴퓨터 제조업계는 춘추전국시대였다. 컴퓨터 회사마다 기초 수학 함수를 각자 마련했는데, 그 질이 천차만별이었다. 회사들은 소수의 절단 위치, 0으로 나눌 경우 그에 대한 처리 방법, 무한대를 처리하는 방법 등을 모두 독자적으로 정했다. 그 결과 갖가지 희한한 일들이 발생했다. 이런 혼돈의 세계를 지켜보며 전문가들은 우려하기 시작했다. 호환이 되도록 표준안을 마련하는 일이 시급하다는 인식이 확산되었다. 결국 1980년대에 표준이 마련되었는데 이것이 바로 IEEE 부동소수점이다.

98 0.0123456789에 대해 0.0100000000는 23%의 오차가 난다.

34th 베일리[99]-보웨인[100]-플로우페[101] 공식

플로우페는 1995년에 공식

$$\pi = \sum_{k=0}^{\infty} \left(\frac{1}{16}\right)^k \left(\frac{4}{8k+1} - \frac{2}{8k+4} - \frac{1}{8k+5} - \frac{1}{8k+6}\right)$$

을 발견했다. 얼마 지나지 않아 베일리와 보웨인과 플로우페는 1997년에 그들의 획기적인 논문인 *On the Rapid Computation of Various Polylogarithmic Constants*에서 이 공식을 공식적으로 발표했다. 그리하여 이 공식을 그들의 이름 첫 문자를 각각 따서 BBP 공식이라고 부른다.

BBP 공식의 가장 큰 특징은 임의의 이전의 숫자들을 계산할 필요없이 원주율의 n번째 숫자를 16진수로 발생시킨다는 것이다. 무슨 말이냐 하면, 보기를 들어 원주율의 소수 2009째자리 숫자를 알고 싶다고 하자. BBP 공식이 나오기 전에는 소수 첫째자리 숫자부터 시작해서 2008째자리 숫자까지 값을 구해야 2009째자리 숫자를 얻을 수 있었지만, 이 공식을 이용하면 앞의 2008째자리 숫자까지 전혀 구하지 않아도 2009째자리 숫자가 어떤 숫자인지 알 수 있다는 것이다. 원주율 역사에 큰 획을 그었다고 아니할 수 없다. 주의할 것은 우리에게 익숙한 10진수로 숫자들을 발생시키는 것이 아니라 16진수로 발생시킨다는 것이다. BBP 공식처럼 이전의 숫자들을 계산하지 않고 원하는 n째자리의 숫자를 계산할 수 있는 알고리즘을 digit-extraction 알고리즘이라고 한다.

BBP 공식은 메모리를 조금만 필요로 할 뿐만 아니라 컴퓨터로 구현하는 것이 상당히 쉽다는 장점을 가지고 있다. 또한 spigot 공식이 그런 것처럼 BBP 공식도 고정밀도를 고려하지 않아도 된다. 하지만 실행 시간이 많이 걸려 실용적이지는 않다.

---

[99] David H. Bailey

[100] Peter B. Borwein

[101] Simon M. Plouffe

한편, BBP 공식에 의하여 원주율의 n번째의 비트를 구하는 작업은 시간적으로 $O(n\log^3 n)$이다. 시간에 있어서 $O(n\log^3 n)$이라는 이야기가 무슨 말인지 설명하자면 다음과 같다. n가 커지면 커질수록 해당 숫자를 얻어내는 데 시간이 많이 걸린다. 최초의 3를 얻어내는 데 걸리는 시간보다는 그 다음의 1를 얻어내는 데 걸리는 시간이 더 길고, 이 1를 얻어내는 데 걸리는 시간보다는 그 다음의 4를 얻어내는 데 걸리는 시간이 더 길고, 이 4를 얻어내는 데 걸리는 시간보다는 그 다음의 1를 얻어내는 데 걸리는 시간이 더 길고, 이 1를 얻어내는 데 걸리는 시간보다는 그 다음의 5를 얻어내는 데 걸리는 시간이 더 길고, 그런 말이다. 그런데 원하는 자릿수의 숫자를 얻어내는 데 걸리는 시간이 $n\log^3 n$에 대략 비례한다는 말이다.

그리고 구하고자 하는 자릿수가 커질수록 필요한 메모리량도 늘어나는데 BBP 공식은 메모리에 있어 $\log n$인 작업이다.

그럼 원주율에 대한 최초의 digit-extraction 알고리즘인 BBP 공식을 분석하여 보자.

BBP 공식은 다음의 정리에 기초를 두고 있다.

> $2^N a$의 분수부분(fractional part)의 n번째 비트를 계산하면, a의 분수부분의 $N+n$번째 비트를 얻을 수 있다.

위 정리를 증명하여 보자.

증명 a의 이진법 전개

$$a=\sum_k \frac{a_k}{2^k} \quad (a_k\in\{0,1\})$$

를

$$2^N a=\sum_k \frac{a_k}{2^{k-N}}=\sum_{k\le N} a_k 2^{N-k}+\sum_{k>N}\frac{a_k}{2^{k-N}}$$

으로 변형할 수 있다.

위의 마지막 식에서 $\sum_{k\le N} a_k 2^{N-k}$는 정수이고,

$$0 \le \sum_{k>N} \frac{a_k}{2^{k-N}} < 1$$

이다. 즉 $\sum_{k>N} \frac{a_k}{2^{k-N}}$는 $2^N a$의 분수부분이다. 또한

$$0 \le \sum_{k>N} \frac{a_k}{2^{k-N}} = \sum_{k>0} \frac{a_{N+k}}{2^k} < 1$$

이므로, $\sum_{k>N} \frac{a_k}{2^{k-N}}$의 k번째 비트는 a의 $N+k$번째 비트이다. ∎

위의 정리가 어렵고 거창하게 느껴진다면, 우리에게 익숙한 십진법 버전으로 이해하면 된다. 다음과 같이 말이다.

$10^N a$의 분수부분(fractional part)의 n번째 숫자를 계산하면, a의 분수부분의 $N+n$번째 숫자를 얻을 수 있다.

보기를 들어 $a = 347.802915678439$ 이고 $N = 5$, $n = 3$ 라고 하자. $10^5 a = 34780291.5678439$인데 이 수의 소수점 아래 셋째자리 숫자인 7는 원래 수 a의 소수점 아래 여덟째자리 숫자이다. 위의 두 정리, 정말 별 거 아니다. 정리하고 말하는 것이 민망할 정도이다. 다만 이전 페이지의 정리에서 비트라고 표현을 한 것은 그 정리가 이진수를 대상으로 한 것이기 때문이다.

이제 이전 페이지의 정리를 BBP 공식에 적용하여 보면 원주율에 대한 digit-extraction 알고리즘의 실마리가 풀리기 시작한다.

BBP 공식

$$\pi = \sum_{k=0}^{\infty} \left(\frac{1}{16}\right)^k \left(\frac{4}{8k+1} - \frac{2}{8k+4} - \frac{1}{8k+5} - \frac{1}{8k+6}\right)$$

에서

$$s_1 = \sum_{k=0}^{\infty} \frac{1}{16^k(8k+1)}, \quad s_2 = \sum_{k=0}^{\infty} \frac{1}{16^k(8k+4)}, \quad s_3 = \sum_{k=0}^{\infty} \frac{1}{16^k(8k+5)}, \quad s_4 = \sum_{k=0}^{\infty} \frac{1}{16^k(8k+6)}$$

이라고 하자.

위치 $d+1$에서 시작한 s_1의 16진법 전개는 $16^d s_1$의 분수부분

$$\begin{aligned}\operatorname{frac}[16^d s_1] &= \operatorname{frac}\left[\sum_{k=0}^{d}\frac{16^{d-k}}{8k+1}\right] + \operatorname{frac}\left[\sum_{k=d+1}^{\infty}\frac{16^{d-k}}{8k+1}\right] \\ &= \operatorname{frac}\left[\sum_{k=0}^{d}\frac{\langle 16^{d-k}\rangle_{8k+1}}{8k+1}\right] + \operatorname{frac}\left[\sum_{k=d+1}^{\infty}\frac{16^{d-k}}{8k+1}\right]\end{aligned}$$

에 의하여 주어진다. 여기에서 $\langle 16^{d-k}\rangle_{8k+1}$은 16^{d-k}을 $8k+1$으로 나눈 나머지이다.

우리는 결과의 분수부분에만 관심이 있기 때문에 위와 같이 변형하였다. 핵심적인 기교는 $\langle 16^{d-k}\rangle_{8k+1}$을 매우 빨리 계산할 수 있다는 것이다. 보기를 들어 $\langle 16^{32}\rangle_{33} = 25$인데, 이것을

$$\begin{gathered}16 \times 16 = 256;\quad \langle 256\rangle_{33} = 25, \\ 25 \times 25 = 625;\quad \langle 625\rangle_{33} = 31, \\ 31 \times 31 = 961;\quad \langle 961\rangle_{33} = 4, \\ 4 \times 4 = 16;\quad \langle 16\rangle_{33} = 16, \\ 16 \times 16 = 256;\quad \langle 256\rangle_{33} = 25\end{gathered}$$

과 같은 과정을 거쳐서 계산할 수 있다.

위와 같이 계산하는 것은 왜 빠른가? 위의 예에서 계산은 단지 5번의 곱셈 연산과 5번의 나머지 산출 연산으로 이루어져 있다. 그리고 계산 과정에 등장하는 정수들은 모두 $33^2 = 1089$보다 작은 수들이다.

위의 방법으로 $\langle 16^{d-k}\rangle_{8k+1}$을 계산한 후에, 이것을 보통의 IEEE 부동소수점연산(floating-point arithmetic)을 사용하여 $8k+1$으로 나누어 준다. 합을 취할 때에 정수부분은 버린다.

그 다음으로, $\operatorname{frac}\left[\sum_{k=d+1}^{\infty}\frac{16^{d-k}}{8k+1}\right]$은 빠르게 수렴하므로, IEEE 부동소수점연산을 사용하여 몇 개의 항만 계산한다.

마지막 결과는 위치 $d+1$에서 시작한 s_1의 16진법 전개를 포함한다.

s_1, s_2, s_3, s_4 각각에 대하여 위와 같은 계산을 하면, 위치 $d+1$에서 시작한 원주율의 16진법 전개를 얻을 수 있다.

BBP 공식에서, 보통의 64비트 정수 연산은 원주율을 십육진수로 375,000,000째 자리를 계산하는 데 충분하다.

이제 베일리-보웨인-플로우페 공식을 증명하고 끝마치겠다.

증명 증명의 첫걸음은 다음 식이 성립함을 이해하는 데에서부터 시작된다.

$$\int_0^{\frac{1}{\sqrt{2}}} \frac{x^{j-1}}{1-x^8}dx = \int_0^{\frac{1}{\sqrt{2}}} \left(x^{j-1} + x^{j+7} + x^{j+15} + x^{j+23} + \cdots\right)dx$$

$$= \left[\frac{x^j}{j} + \frac{x^{j+8}}{j+8} + \frac{x^{j+16}}{j+16} + \frac{x^{j+24}}{j+24} + \cdots\right]_{x=0}^{\frac{1}{\sqrt{2}}}$$

$$= \frac{\left(\frac{1}{\sqrt{2}}\right)^j}{j} + \frac{\left(\frac{1}{\sqrt{2}}\right)^{j+8}}{j+8} + \frac{\left(\frac{1}{\sqrt{2}}\right)^{j+16}}{j+16} + \frac{\left(\frac{1}{\sqrt{2}}\right)^{j+24}}{j+24} + \frac{\left(\frac{1}{\sqrt{2}}\right)^{j+32}}{j+32} + \cdots$$

$$= \frac{1}{j\sqrt{2}^j} + \frac{1}{(j+8)\sqrt{2}^{j+8}} + \frac{1}{(j+16)\sqrt{2}^{j+16}} + \frac{1}{(j+24)\sqrt{2}^{j+24}} + \cdots$$

$$= \frac{1}{\sqrt{2}^j}\left(\frac{1}{j} + \frac{1}{(j+8)2^4} + \frac{1}{(j+16)2^8} + \frac{1}{(j+24)2^{12}} + \cdots\right)$$

$$= \frac{1}{\sqrt{2}^j}\sum_{k=0}^{\infty}\frac{1}{16^k(8k+j)},$$

$$\therefore \sum_{k=0}^{\infty}\frac{1}{16^k(8k+j)} = \sqrt{2}^j\int_0^{\frac{1}{\sqrt{2}}}\frac{x^{j-1}}{1-x^8}dx$$

위의 관계식을 이용하면 아래의 식이 성립함을 알 수 있다.

$$\sum_{k=0}^{\infty}\frac{1}{16^k}\left(\frac{4}{8k+1}-\frac{2}{8k+4}-\frac{1}{8k+5}-\frac{1}{8k+6}\right)$$

$$=\sqrt{2}\int_0^{\frac{1}{\sqrt{2}}}\frac{4}{1-x^8}dx-2\sqrt{2}^4\int_0^{\frac{1}{\sqrt{2}}}\frac{x^3}{1-x^8}dx-\sqrt{2}^5\int_0^{\frac{1}{\sqrt{2}}}\frac{x^4}{1-x^8}dx$$

$$-\sqrt{2}^6\int_0^{\frac{1}{\sqrt{2}}}\frac{x^5}{1-x^8}dx$$

$$=\int_0^{\frac{1}{\sqrt{2}}}\frac{4\sqrt{2}}{1-x^8}dx-\int_0^{\frac{1}{\sqrt{2}}}\frac{8x^3}{1-x^8}dx-\int_0^{\frac{1}{\sqrt{2}}}\frac{4\sqrt{2}x^4}{1-x^8}dx-\int_0^{\frac{1}{\sqrt{2}}}\frac{8x^5}{1-x^8}dx$$

$$=\int_0^{\frac{1}{\sqrt{2}}}\frac{4\sqrt{2}-8x^3-4\sqrt{2}x^4-8x^5}{1-x^8}dx$$

$y=\sqrt{2}x$이라고 하면, 우리는 최종적으로 다음의 결과를 얻게 된다.

$$\sum_{k=0}^{\infty}\frac{1}{16^k}\left(\frac{4}{8k+1}-\frac{2}{8k+4}-\frac{1}{8k+5}-\frac{1}{8k+6}\right)=\int_0^{\frac{1}{\sqrt{2}}}\frac{4\sqrt{2}-8x^3-4\sqrt{2}x^4-8x^5}{1-x^8}dx$$

$$=\int_0^1\frac{4\sqrt{2}-8\cdot\frac{y^3}{2\sqrt{2}}-4\sqrt{2}\cdot\frac{y^4}{4}-8\cdot\frac{y^5}{4\sqrt{2}}}{1-\frac{y^8}{16}}\frac{1}{\sqrt{2}}dy$$

$$=\int_0^1\frac{4-2y^3-y^4-y^5}{1-\frac{y^8}{16}}dy=\int_0^1\frac{16(4-2y^3-y^4-y^5)}{16-y^8}dy$$

$$=\int_0^1\frac{16(y^5+y^4+2y^3-4)}{y^8-16}dy$$

$$=\int_0^1\frac{16(y-1)(y^4+2y^3+4y^2+4y+4)}{(y^2-2)(y^2-2y+2)(y^4+2y^3+4y^2+4y+4)}dy$$

$$=\int_0^1\frac{16(y-1)}{(y^2-2)(y^2-2y+2)}dy=\pi$$

∎

35th 베일리-보웨인-플루우페 공식을 컴퓨터로

베일리는 수학뿐만 아니라 프로그래밍에 뛰어난 실력을 갖춘 수학자이다. 베일리가 BBP 공식을 구현한 프로그램을 소개한다. C 언어를 모른다면 그냥 건너뛰어도 상관없다.

소스코드

```
/*
    This program implements the BBP algorithm to generate a few hexadecimal
    digits beginning immediately after a given position id, or in other words
    beginning at position id + 1.  On most systems using IEEE 64-bit floating-
    point arithmetic, this code works correctly so long as d is less than
    approximately 1.18 x 10^7.  If 80-bit arithmetic can be employed, this limit
    is significantly higher.  Whatever arithmetic is used, results for a given
    position id can be checked by repeating with id-1 or id+1, and verifying
    that the hex digits perfectly overlap with an offset of one, except possibly
    for a few trailing digits.  The resulting fractions are typically accurate
    to at least 11 decimal digits, and to at least 9 hex digits.
*/

/*  David H. Bailey     2006-09-08 */

#include <stdio.h>
#include <math.h>

main()
{
  double pid, s1, s2, s3, s4;
  double series (int m, int n);
  void ihex (double x, int m, char c[]);
  int id = 1000000;
#define NHX 16
  char chx[NHX];

/*  id is the digit position.  Digits generated follow immediately after id. */
```

```
  s1 = series (1, id);
  s2 = series (4, id);
  s3 = series (5, id);
  s4 = series (6, id);
  pid = 4. * s1 - 2. * s2 - s3 - s4;
  pid = pid - (int) pid + 1.;
  ihex (pid, NHX, chx);
  printf (" position = %i₩n fraction = %.15f ₩n hex digits =  %10.10s₩n",
  id, pid, chx);
}

void ihex (double x, int nhx, char chx[])

/*  This returns, in chx, the first nhx hex digits of the fraction of x. */

{
  int i;
  double y;
  char hx[] = "0123456789ABCDEF";

  y = fabs (x);

  for (i = 0; i < nhx; i++){
    y = 16. * (y - floor (y));
    chx[i] = hx[(int) y];
  }
}

double series (int m, int id)

/*  This routine evaluates the series  sum_k 16^(id-k)/(8*k+m)
    using the modular exponentiation technique. */

{
  int k;
  double ak, eps, p, s, t;
  double expm (double x, double y);
#define eps 1e-17
```

```
  s = 0.;

/*  Sum the series up to id. */

  for (k = 0; k < id; k++){
    ak = 8 * k + m;
    p = id - k;
    t = expm (p, ak);
    s = s + t / ak;
    s = s - (int) s;
  }

/*  Compute a few terms where k >= id. */

  for (k = id; k <= id + 100; k++){
    ak = 8 * k + m;
    t = pow (16., (double) (id - k)) / ak;
    if (t < eps) break;
    s = s + t;
    s = s - (int) s;
  }
  return s;
}

double expm (double p, double ak)

/*  expm = 16^p mod ak.  This routine uses the left-to-right binary
    exponentiation scheme. */

{
  int i, j;
  double p1, pt, r;
#define ntp 25
  static double tp[ntp];
  static int tp1 = 0;

/*  If this is the first call to expm, fill the power of two table tp. */

  if (tp1 == 0) {
    tp1 = 1;
```

```
    tp[0] = 1.;

    for (i = 1; i < ntp; i++) tp[i] = 2. * tp[i-1];
  }

  if (ak == 1.) return 0.;

/*  Find the greatest power of two less than or equal to p. */

  for (i = 0; i < ntp; i++) if (tp[i] > p) break;

  pt = tp[i-1];
  p1 = p;
  r = 1.;

/*  Perform binary exponentiation algorithm modulo ak. */

  for (j = 1; j <= i; j++){
    if (p1 >= pt){
      r = 16. * r;
      r = r - (int) (r / ak) * ak;
      p1 = p1 - pt;
    }
    pt = 0.5 * pt;
    if (pt >= 1.){
      r = r * r;
      r = r - (int) (r / ak) * ak;
    }
  }

  return r;
}
```

실행결과

```
position = 1000000
fraction = 0.423429797567895
hex digits =  6C65E52CB4
```

36th 벨라드[102] 공식

프랑스의 벨라드는 원주율의 n번째 이진 숫자를 계산하는 알고리즘

$$\pi = \frac{1}{2^6}\sum_{n=0}^{\infty}\frac{(-1)^n}{2^{10n}}\left(-\frac{2^5}{4n+1}-\frac{1}{4n+3}+\frac{2^8}{10n+1}-\frac{2^6}{10n+3}-\frac{2^2}{10n+5}-\frac{2^2}{10n+7}+\frac{1}{10n+9}\right)$$

을 발견하였다. 그의 누리집 http://fabrice.bellard.free.fr/pi/에 의하면, 1997년 1월 20일 직전에 위의 공식을 발견한 듯 싶다.

벨라드 공식은 베일리-보웨인-플로우페 공식보다 수렴속도가 훨씬 향상된 공식이다.

벨라드는 자신이 발견한 공식으로 원주율의 $\overset{\text{1000 billionth}}{\text{1조번째}}$ 이진 숫자는 1임을 알아냈다.

재미있는 내용들을 더욱 알고 싶은 독자는 벨라드의 누리집 http://bellard.org/을 방문하길 바란다.

---

102 Fabrice Bellard

37th PiHex 프로젝트

PiHex 프로젝트는 거의 2000대의 컴퓨터를 사용하여 원주율의 특정한 비트들[103]을 계산하였던 프로젝트로서 얼마 전에 끝이 난 프로젝트다. 1998년 9월 5일부터 2000년 9월 11일까지 지속되었는데, 56개국의 1734대의 컴퓨터가 동원되어 원주율의 1000조(quadrillion)번째 이진숫자를 구하였다. 그 결과 1000조번째 이진숫자가 0임을 알아냈다. 그 외에도 40조번째의 이진숫자가 0임을 알아냈고 5조번째 이진숫자가 0임을 알아냈다. 어떻게 셋 다 0인지 의아해할 필요는 없다. 2진수로 나타낸 원주율이기 때문에 0 아니면 1이다.

PiHex 프로젝트에서 사용한 공식은 베일리-보웨인-플로우페 공식의 속도를 개선한 벨라드 공식

$$\pi = \frac{1}{2^6}\sum_{n=0}^{\infty}\frac{(-1)^n}{2^{10n}}\left(-\frac{2^5}{4n+1}-\frac{1}{4n+3}+\frac{2^8}{10n+1}-\frac{2^6}{10n+3}-\frac{2^2}{10n+5}-\frac{2^2}{10n+7}+\frac{1}{10n+9}\right)$$

이다.

재미있는 내용들을 더욱 알고 싶은 독자는 PiHex 프로젝트의 공식누리집 http://oldweb.cecm.sfu.ca/projects/pihex/index.html을 방문하길 바란다.

---

103 숫자라고 표현하지 않고 비트라고 표현한 이유는 우리에게 익숙한 10진법으로 원주율의 숫자를 얻은 것이 아니기 때문이다. 이 프로젝트는 원주율을 2진법의 수로 나타냈을 때 특정 위치의 숫자를 얻어낸 것이다.

38th 1999년에 세워진 기록

1999년도에 세워진 기록을 살펴보자.

도쿄대학교의 카나다[104]와 타카하쉬[105]는 두 가지의 알고리즘을 사용하여 원주율을 소수 206,158,430,208째자리까지 구한 후에 두 가지 결과를 소수 206,158,430,163째자리까지 비교하였다. 그런 후에 그들은 세계 기록으로 소수 206,158,430,000째자리까지를 공표하였다. 여기에서 원주율의 첫 번째 숫자인 3은 포함되지 않는다.

두 가지의 서로 독립적인 계산에 대한 세부 사항을 정리하여 보면 아래 표와 같다.

	주 계산	검증 계산
알고리즘	가우스-르장드르 알고리즘	보웨인 형제의 사차수렴 알고리즘
주 메모리	$128 \times 6.758GB = 865GB$	$128 \times 6.383GB = 817GB$
작업 시작	1999년 9월 18일 19:00:52	1999년 6월 26일 01:22:50
작업 끝	1999년 9월 20일 08:21:56	1999년 6월 27일 23:30:40

104 Yasumasa Kanada

105 Daisuke Takahashi

39th 2002년에 세워진 기록

1999년 기록이 세계 최고의 기록인 것은 아니다. 2009년 2월의 현 시점에서 세계 최고 기록은 카나다[106] 와 그의 팀이 2002년에 세워진 것이다. 자릿수가 1,241,100,000,000[107]이다. 무려 1조가 넘는다.

주 계산은 1982년에 발견된 공식

$$\pi = 48\arctan\frac{1}{49} + 128\arctan\frac{1}{57} - 20\arctan\frac{1}{239} + 48\arctan\frac{1}{110443}$$

을 이용하여 수행되었고, 검증 계산은 1896년에 발견된 공식

$$\pi = 176\arctan\frac{1}{57} + 28\arctan\frac{1}{239} - 48\arctan\frac{1}{682} + 96\arctan\frac{1}{12943}$$

을 이용하여 수행되었다.

---

106 Yasumasa Kanada

107 1.241 trillion

40th 2008년에 세워진 기록

현재까지 최고 기록은 슈퍼컴퓨터를 이용하여 달성된 것이다. 그렇다면 가정용 컴퓨터로는 어디까지 구할 수 있을까? 몇몇 사람이 가정용 컴퓨터로 원주율 자릿수 경쟁을 하고 있다. 최고 기록은 인텔의 듀얼 X5460 프로세서, 64GB 메모리, 2TB 디스크, 윈도우 서버 2003 R2 64비트 시스템을 사용하여 2008년에 206,200,000,000까지 구한 것이다. 이 기록은 무려 77일 동안 컴퓨터를 돌려서 세운 기록인데, 잘 관찰해 보면 1999년 슈퍼컴퓨터로 세운 기록과 거의 일치하는 자릿수라는 것을 알 수 있다.

41st 독자 여러분의 컴퓨터로 어디까지 가능한가?

가정용 컴퓨터로 2000억이 넘는 자릿수까지 원주율을 구했다지만, 듀얼 X5460 프로세서와 64GB 메모리 등의 시스템조차 대부분의 사람에게는 구축하기 힘든 사양이다. 설령 그 정도의 시스템을 구축했다 하더라도 2개월이 훨씬 넘는 '프로그램 실행시간' 때문에 문제점이 여전히 존재한다. 그렇다면 사람들에게 보편적으로 보급되어 있는 사양 수준에서는 현실적으로 과연 어디까지 계산가능할까? 수학도깨비의 컴퓨터로 도전해 보았다.

수학도깨비가 현재 갖추고 있는 컴퓨터 사양은 다음과 같다.

	정규 사양	테스트할 때 실제 사양
운영 체제	32비트 Windows XP 서비스 팩 3	
CPU	코어스피드 3GHz의 울프데일 8400	3.3GHz로 오버클럭
RAM	DRAM frequency 400MHz의 총 4GB 메모리	367MHz로 설정

누리집 http://numbers.computation.free.fr/Constants/PiProgram/pifast.html에서 가장 최신 버전의 PiFast을 다운로드 한 뒤 프로그램을 실행시켜라. 실행시키면 일련의 질문을 하게 된다.

1번째 질문. 0를 선택하면 추드노브스키 공식으로 원주율을 계산하고 1를 선택하면 라마누잔 공식으로 계산하게 된다.

2번째 질문. 0를 선택하면 RAM만을 사용해서 계산한다. 1나 2를 선택하면 RAM 외에도 하드디스크를 메모리처럼 사용하여 계산하게 된다. 0를 선택하면 RAM만을 사용하므로 자릿수에 제한이 있다. 하지만 1나 2를 선택하면 더 많은 자릿수까지 계산할 수 있다.

3번째 질문. 계산하고자 하는 자릿수를 입력하면 된다.

4번째 질문. FFT[108] Size를 선택해야 하는데 가장 위의 것을 선택하여 입력하여라. 위의 것을 입력할수록 더 빠르기 때문이다.

1번째 질문에서 0를, 2번째 질문에서 0를, 4번째 질문에서 가장 위의 것을 입력하여 수학도깨비의 컴퓨터에서 테스트한 결과는 다음과 같다. 연도와 자릿수는 5th의 표에 나와 있다.

연도	자릿수	할당된 RAM	인덱스
1987	134,217,700	899MB	9465290
1988	201,326,551	1027MB	14197931
1989	480,000,000		

여기에서 인덱스는 아마도 급수의 항의 개수를 의미하는 것 같다. 그런데 1989년 기록을 자릿수로 입력하면, 계산에 할당할 수 있는 메모리가 부족하여 프로그램 실행이 되지 않는다.

2번째 질문에서 0를 선택하면 실행이 불가능한 '1989년 기록과 그 이후의 기록들'까지 테스트하기 위해 2번째 질문에서 1를 선택하여 테스트한 결과는 다음과 같다.

연도	자릿수	할당된 RAM	디스크 메모리	인덱스
1987	134,217,700	387MB	256MB	9465290
1988	201,326,551	387MB	384MB	14197931
1989	480,000,000	1542MB	916MB	33850501
1989	525,229,270	1542MB	1002MB	37040154
1989	536,870,898	1542MB	1024MB	37861143
1989	1,011,196,691	1542MB	1929MB	71311481
1989	1,073,741,799	1542MB	2048MB	75722278
1991	2,260,000,000	1542MB	4311MB	159379415
1995	3,221,225,466	1542MB	6144MB	227166825

하드디스크를 메모리로 활용할 수 있어서 1989년 기록 및 그 이후의 기록들도 거뜬히 수행할 수 있었다. 즉, 하드디스크를 메모리로 활용하면 입력할 수 있는

---

108 FFT은 fast Fourier transform의 頭文字語(두문자어)이다. 우리말로는 고속 푸리에 변환이라고 하는데 FFT에 대해서 설명하는 것은 이 책의 범위를 넘어서므로 신경 쓰지 않아도 된다.

자릿수는 사실상 제한이 없어져서 좋긴 하다. 그러나 속도가 팍팍 떨어지게 된다. 가볍게 테스트할 거라면 RAM만을 이용해서 계산하여라.

컴퓨터 벤치마크에 관심이 많은 독자라면 SuperPI이라는 프로그램을 잘 알 것이다. SuperPI은 PiFast처럼 원주율을 고정밀도로 계산해 주는 프로그램인데, 많은 사람들이 자주 이용하고 있다. 하지만 SuperPI은 프로그램의 업데이트가 오랫동안 없었으므로 요즘 시대에는 맞지 않는 것이라고 봐야 한다.

42nd 에필로그

매우 오래된 과거의 사실이긴 한데, 원주율을 3로 계산했던 시대가 있었다. 이렇게 할 경우 재미있는 문제점이 발생한다. 원주율을 3로 계산하면, 원에 내접하는 정육각형의 둘레의 길이와 그 원의 둘레의 길이가 동일해져 버리는 것이다. 따라서 이 문제점을 해결하려면 원주율을 최소한 3.1로 해야 한다.

원주율을 3.1로 하더라도 심각한 문제가 발행하게 되는 상황이 있을 것이다. 물론 이런 문제점을 해결하려면 원주율을 최소한 3.14로 해야 한다.

수학적으로만 따진다면, 위와 같은 문제는 한없이 계속 발생하는 것이어서 원주율을 무한자릿수까지 고려해야 한다. 물론 이것은 터무니없이 피곤한 일이다. 우리가 실용적으로 문제가 발생하지 않는 적당한 자릿수까지 취하면 될 것이다. 그렇다면 최대 어느 정도까지 자릿수를 취하면 될까? 실용적인 문제가 발생하지 않는 원주율을 얻기 위해 엄청난 자릿수의 원주율 값을 수학자들이 계산하고 있는 것일까?

지금까지 살펴본 기록들이 물리학이나 공학에 끼친 영향은 과연 무엇일까? 답은 끼친 영향이 거의 없다는 것이다. 적어도 아직까지는 높은 정밀도의 원주율 때문에 문제가 생긴 적은 없다. 가령, 원주율을 40자리까지로 해서 원둘레의 길이를 계산할 경우 양성자보다도 작은 크기의 오차가 생길 뿐이다. 이 정도의 오차라면 실용적으로는 오차라고 할 수도 없다.

그렇다고 해서 실질적인 유용성이 아예 없는 것은 아니다. 원주율을 고정밀도로 계산함으로써 컴퓨터 하드웨어와 소프트웨어의 무결성(integrity)을 검사해 볼 수 있다. 원주율을 계산하다가 단 하나의 오류가 발생하여도 잘못된 최종 결과를 얻게 될 것이기 때문이다. 실제로 1986년에 원주율을 계산하는 프로그램이 Cray-2 슈퍼컴퓨터들 중의 어느 한 컴퓨터에서 눈에 띄지 않는(obscure) 문제들을 감지했다고 한다.

또한 원주율 계산은 선형합성곱(linear convolution)과 고속 푸리에 변환 같은 계산 기법을 향상시키는 연구에 자극을 주기도 하였다.

수학자들은 앞으로도 계속 도전할 것이다. 1,241,100,000,000째자리를 깰 사람은 누가 될 것인가? 이 책을 읽는 당신일 수도 있다!

수학도깨비 시리즈 2

수학도깨비에게 원주율 배우기

2009년 2월 25일 초판 인쇄
2009년 3월 5일 초판 발행

저 자 / 최행진
발행자 / 오판근
발행처 / 교우사

주 소 / 서울 동대문구 제기2동 148-19
전 화 / 925-2861(대), 편집부 / 925-2825
팩 스 / 925-2860
E-mail / kw2861 @ empal.com
http: // www. kyowoo. co. kr
등록 / 1994. 3. 24 제6-0256호

ISBN 978-89-8172-793-2 (04410)
978-89-8172-770-3 (세트번호)

값 **9,000**원